鑫韋布莊 -SING WAY-

布思議の幸福時光

創造生活的美好時刻，
就從認識『布』開始

鑫韋就是您的手作教室，跟著YUKO體驗手作樂趣吧！

[雨滴‧花‧蝴蝶]

當你看著遠方的山和霧漸漸散開，蝴蝶有如一場盼望已久的大雨般，陣陣朝著眼前飛來，有如展翅飛舞的花朵。

[與象共舞]

我們總是在尋找能讓自己息的小角落，開滿花朵的院或是能打滾的草原。忘一切，盡情的與象共舞吧

[小田園]

下過雨的庭院濕漉漉的，躲起來的小動物跳了出來為雨後的煥然一新而鼓舞。

[小城市地圖]

踏進都市中，迎面而來川不息的車潮，那來來往往人群，都化為小地圖的縮景

[SIMPLE WORDS]

祝福的話語讓我們充滿溫暖，讚美的話語則讓我們振奮向前。透過簡單的字句，讓SIMPLEWORDS填滿在我們的生活中吧！

[Alice in Wonderla 愛麗絲奇幻冒險]

愛麗絲在夢境中碰到了多新鮮事，和動物們喝茶，遭到撲克人的攻擊與兔子追趕時間中進入奇幻的世界吧！

布料專家‧窗簾行家　http://鑫韋窗簾.tw/home　客服專線:0800-067-868

手作族最想學會的
100個包包
Step by Step

1100個步驟圖解＋動作圖片
＋版型光碟，新手、高手都值得收藏的保存版

手作書暢銷作者
楊孟欣　著

朱雀文化

動手製作前，先看這！

翻閱這100個包包，相信有很多手作族已經摩拳擦掌，躍躍欲試了。但製作前，不論你是縫紉新手或已具經驗，都希望你能先閱讀以下注意事項，必能提高成功率！

注意1　先閱讀 p.10 ～ p.43

這個部分包含了認識縫紉基本工具、布料、五金配件和輔助材料，以及需俱備的基本縫紉技巧。此外，我也歸納了一些製作小撇步和心得，希望讓讀者更快學會。

注意2　三種目錄更多選擇

除了 p.4 ～ p.9 以包包的尺寸做「小型包、中型包、大型包」的目錄外，再分別於 p.44、p.76 和 p.108，以作品的「難易程度」和「完成時間」做詳細區分，給讀者另類的選擇，讓大家依自己喜好和學習程度選擇製作。

注意3　布料排版與紙型都在光碟中

我將「布料排版」單元放入光碟中，這樣閱讀光碟就能同時詳見版型和布料排版，不再怕以後書弄丟而缺少布料排版的不方便了。

注意4　作品紙型號碼清楚好找

為了呈現最佳的版面視覺效果，書中部分作品紙型會出現跳號排列狀況，但每個作品仍一定清楚標上紙型號碼（如 p.44 ～ p.133），讓讀者不費吹灰之力立刻找到紙型號碼來製作。

注意5　關於 DVD 光碟檔案

✳ 如何使用光碟中的原寸紙型？

光碟中，有兩個資料夾的選項，分別為「jpg」和「pdf」，代表著紙型同時存成 .jpg 及 .pdf 兩種檔案格式，可依電腦的內建軟體，選擇可以開啟的檔案格式。不論是開啟哪個資料夾，一樣都會看到名為 no.01~no.100 名稱排序的資料夾，分別為 100 件作品的紙型檔名。 書中「步驟圖解手作教學」單元，每樣作品頁面，都會標註作品的紙型檔名，只要按照書上的編號， 到光碟中的資料夾「jpg」或「pdf」，就可以找到相對應的紙型囉！

✳ 如何印出使用？

光碟內所附的紙型檔案，依據書中的紙型大小需求，全部的紙張大小都設定為 A3 尺寸。依照右邊步驟，即可印出紙型，開始動手做包包。

➡ 步驟一：複製檔案

將所需的紙型資料夾（包含內容檔案）複製到隨身儲存設備，例如 USB 隨身碟（若家中有可以印出 A3 大小的輸出設備，即可省略此動作）。

➡ 步驟二：印出檔案

1. 沒有輸出設備者：需將檔案帶到影印店或是便利商店輸出，告訴店員所要印出的檔案紙張尺寸為 A3，且留意縮放設定，確保一定是原尺寸印出，便利商店支援下列 **7** 種媒體儲存裝置：

USB
SMART MEDIA
mini SD
XD
MEM, STICK
SD/MMC
COMPACT FLASH

2. 家中有 A3 大小的輸出設備者：無論選擇哪種檔案格式，在按下確定列印前，特別留意縮放比例的設定必須為「100% 正常大小」的選項，方可印出紙型使用。

●本書所有紙型皆為 100% 大小，並留意紙型標記的所有記號點。

●●本書所有紙型皆以包含縫份 0.8 公分，可以印出後直接使用。

●●●光碟檔案目錄參照 p.261

Contents
目錄

2 動手製作前，先看這！

Before 不可不知，材料工具和基本技法

12 認識縫紉基本工具

14 認識布料

16 認識其他材料

18 常見的五金配件

22 不可不知的技法與小撇步

40 技法活用示範，多功能拉鍊包

Part1 小型包，
零碼布輕鬆完成，划算不浪費

40 多功能拉鍊包

46 帆布筆袋

47 帆布手提書衣

47 點點手提書衣

43 迷你蕾絲包

49 雕花口金包

50 蝴蝶結零錢包

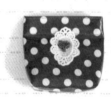

50 蕾絲口金包

51 拉鍊餐具套

52 蕾絲面紙套

52 雜貨風面紙套

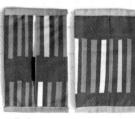

53 幾何圖案面紙套

54 拉鍊手機包

55 手機包

56 格子長夾

56 花長夾

53 手腕小錢包

53 手腕拉鍊小包

59 化妝面紙兩用包

59 拼布風化妝包

60 多功能旅行包

62 印花小圓包

62 蕾絲小圓包

63 蝴蝶結腕包

63 手腕拉鍊圓包

64 半圓肩背包

65 半圓包

65 條紋圓包

66 信封包

67 小扁方包

63 金屬釦環方包

69 金屬釦環圓包

Contents
目錄

70 口金短夾

71 立體粽子包

71 收納拉鍊小包

73 拉鍊化妝包

74 百褶包

75 帆布拉鍊包

Part2 中型包,
　　　上班、上學、假日帶著走, 生活最實用

73 側肩雕花鍊包

79 點點水壺袋

79 蝴蝶結酒袋

30 手提醫生包

32 紅色條紋包

33 文字書包

33 肩背休閒包

34 小黑鳥包

34 小橘鳥包

34 青鳥包

36 托特包

37 輕便托特包

37 印花輕便包

33 可頌包

39 褶子手提袋

39 萬用手提袋

90 縮褶淑女包

90 蕾絲淑女包

91 泡芙包

92 兩用印花包

94 丹寧格紋袋

95 兩用丹寧包

96 字母兩用袋

97 提把化妝包

93 口金化妝包

99 蕾絲花包

100 M型口金包

101 珠釦口金包

101 肩背口金包

Contents
目錄

102 夢幻英倫包

103 英倫書包

104 蕾絲蛋糕包

104 皮提把蛋糕包

105 斜背水桶包

106 圓點托特包

107 旅行收納袋

107 拉鍊收納袋

Part3 大型包，
隨意搭配布和顏色，超多用途

110 粉紅格子袋

110 碎花提袋

111 肩背行李包

112 橢圓書袋

113 可頌斜背包

114 扇型手提袋

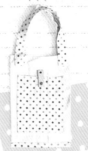

115 口袋小提包

115 隨手小提袋

115 萬用小提袋

116 肩背方書包

117 長形骰子包

118 褶子口金提包

119 花花口金提包

120 格子單肩包

121 貓貓外出袋

122 文青手提袋

123 口袋大提包

124 波士頓包

125 肩背兩用包

126 芥黃貝殼包

127 藏青貝殼包

128 帆布後背包

129 帆布束口袋

130 兩用旅行袋

132 方巾提包

133 褶子肩背包

Part4 步驟圖解手作教學，
　　　必學製包技法大公開
134 步驟圖解目錄

260 詞彙解釋
261 光碟目錄索引
262 材料哪裏買？
264 後記
做了才知道不簡單，
完成後又發現其實也不難！！

12 認識縫紉基本工具
　　縫紉機、車縫針、手縫針、
　　車縫線、手縫線、布用剪刀、
　　線剪、方格尺、錐子、拆線器、
　　粉圖筆、消失筆、
　　尖嘴鉗、熨斗、燙板

14 認識布料
　　棉麻布料、萊卡布、TC 布、
　　T 恤布、毛巾布、不織布、
　　合成皮、動物皮革

16 認識其他材料
　　拉鍊、包用織帶、蕾絲織帶、
　　蕾絲織片、布標、緞帶、夾棉、
　　布襯、裁縫用 pp 板、現成皮把手

13 常見的五金配件
　　口金框、釦環類、
　　手縫式磁釦、一般磁釦、
　　撞釘磁釦、手縫式壓釦、
　　壓釦、雞眼、固定釦、
　　壓釦工具、撞釘磁釦工具、
　　雞眼工具、固定釦工具、
　　膠板、木槌

22 不可不知的技法與小撇步
　　五金與皮革
　　在皮革鏤刻出花型
　　安裝壓釦
　　安裝撞釘磁釦
　　安裝雞眼
　　安裝固定釦
　　縫合皮革

　　布料、輔料和手縫技法
　　長形條狀物做法 –1 直接縫合
　　長形條狀物做法 –2 反面縫合
　　製作可調式肩背帶
　　可調長短背繩綁法
　　製作布腕帶、如何包布邊
　　處理布條頭、尾、斜紋布剪法和接布
　　遮邊縫、袋型抓底
　　常用的基本手縫技法、貼夾棉、貼布襯、
　　邊緣袋口式拉鍊、袋身開口式拉鍊

40 技法活用示範，多功能拉鍊包

Before

不可不知，
材料工具和
基本技法

Tools , Supplies ,
Skills You Must Know

About Basic Sewing Tools And Supplies
認識縫紉基本工具

備妥工具是製作本書布作品的第一步！以下是本書中會用到的基本縫紉工具，都很常見，在一般裁縫材料行就能買到。操作前，只要選好適當的工具並妥善運用，便能輕鬆完成這100個包包！

1. 縫紉機 基本款的縫紉機，確定可以縫厚布即可。

2. 車縫針 針有粗細之分，厚布應選用編號大的針。本書中的作品，使用的車縫針都是針對厚布使用的粗針，編號為14、16號針。

3. 手縫針 和車縫針一樣有分粗細、長短，你必須依布料與需求來選用粗細不同的針。如果沒有特定習慣或偏好，建議購買一般布料都通用的3號針。

4. 車縫線 縫紉機專用的線，一般多使用12、20號的線。

5. 手縫線 手縫線較車縫線粗，方便手縫時不易打結，並且更牢靠堅固。

6. 布用剪刀 選擇一把鋒利的剪刀，有利於剪裁布料。通常剪裁得是否平整，會直接影響到成品的外觀，所以，最好分別準備裁剪布料和紙型的專用剪刀。

7. 線剪 剪線用的剪刀，最好不要和其他剪刀混用。

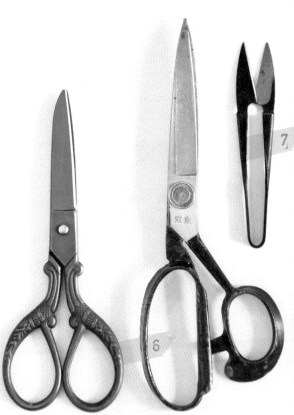

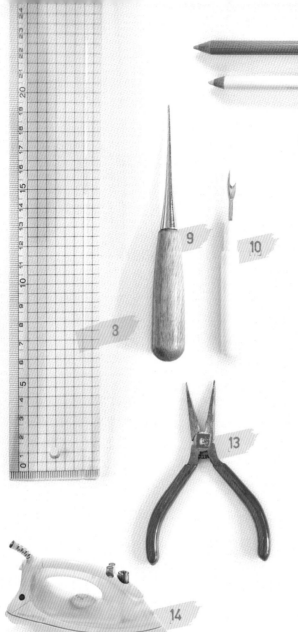

8. 方格尺 有方格紋的透明尺，有利於繪製紙型。

9. 錐子 使用縫紉機時，左手輕按布料，右手可持錐子輔助送布。此外，也有助於縫製厚布時，控制布的前進。當然，挑布角、拆除縫線更能派上用場。

10. 拆線器 拆線器前端 U 形的尖端，可以挑起縫線，並割斷縫線。

11. 粉圖筆 適合繪製在深色布面上做記號點，去除時，只要輕拍或使用濕布輕擦，即可消去筆跡。

12. 消失筆 方便在淺色布面上做記號，暴露在空氣中約 4 ~ 5 個小時左右後，痕跡就會自動消失。

13. 尖嘴鉗 是用來安裝五金配件、修改拉鍊長短的好幫手。

14. 熨斗 製作包包時很重要的一個輔助工具，除了布料的皺褶、成品的熨燙外，熨貼夾棉、布襯時，更是少不了它。

15. 燙板 搭配熨斗一起使用，用來隔離熨斗與桌面的板子。

About Fabrics
認識布料

每次到了布行，看到琳瑯滿目的布料，總會産生猶豫，不知道從何挑起才好。告訴你一個小秘訣，只要先構思好作品想要呈現的感覺，再著手選布，這樣就有明確的方向囉！

棉麻布料　包含天然纖維，例如：胚布、先染布、印花棉布、丹寧布等等，特色是布紋質感天然、極富手感，也是最普遍、通用的布料。

萊卡布　近年來新研發的一種彈性纖維織成的布料。手感好，富彈性，比較適合做貼身的上衣或長褲。

ＴＣ布　是特多龍（Totoron）和純棉（Cotton）混紡的布料，不像天然纖維般易皺，又具有特多龍的耐用，但耐熱度沒有天然纖維佳。只要仔細挑選，同樣能找到適合做包包的款式。

Ｔ恤布　是最常使用、看到的針織布，透氣性較佳，具彈性，較不會有毛邊，較少用來製作包包。但近年來有一些設計新穎的包款，就是利用Ｔ恤布做的包，所以，如果你真的想嘗試這類軟、又有彈性的布料，建議在布的反面可以熨貼布襯或夾棉，增加布的厚度與挺度再使用。

毛巾布　通常都標榜 100% 純棉，但這種有彈性的纖維，多半混有些許化學材質，可以在購買時詢問店員，再依自己的需求購買。用在點綴、搭配，也有不錯的效果。

不織布　人造纖維的一種，製程結合了塑膠、化工、造紙和紡織等技術與原理。由於不是經由平織或針織等傳統編織方式製成，所以稱作「不織布」。不織布有厚度，製作包包時，就不需在反面貼布襯或夾棉。

合成皮　合成皮（PU）因為具有和真皮相同的質感、柔軟性以及透氣性，也省去真皮保養的麻煩，所以多被用來代替動物皮，但缺點是容易耗損。有些合成皮放久表面膠皮會脫落、龜裂，因此在製作包包時，要考慮到材料的耗損。

動物皮革　書中作品用的皮革，多以牛皮、羊皮為主。材料店中販售的牛皮，會因製程不同，而產生軟皮和厚、硬皮，羊皮則較常見到軟皮。如果想做較挺的包包袋身，可以選擇較厚的皮，至於用來點綴，或者要和布料一起經過縫紉機縫合的，建議使用軟羊皮。操作時，由於真皮或合成皮不像布料有纖維，縫錯了可以將線拆除而不留痕跡，所以縫合下針時都得更要特別謹慎。

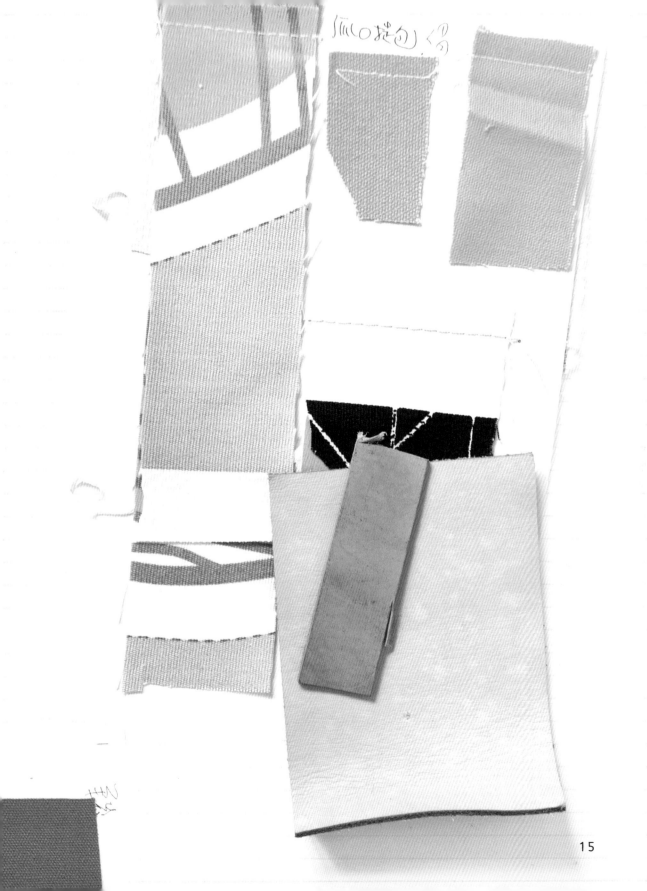

15

About other Sewing Tools And Supplies
認識其他材料

以下要介紹的是輔助性的工具和材料，可以說
是讓包包製作過程更順利、外觀更漂亮的重要
配角。只要瞭解功能和特色，並妥善搭配使用，
必能加速完成。

1. 拉鍊　拉鍊有很多樣式，尺寸和顏色的選擇也不少，
而材質的不同，也會影響作品呈現的感覺。書中常提
到的「一般拉鍊」，是指塑膠質的織入型拉鍊，通常
用在包包裡布袋的內口袋，色彩選擇多。「銅拉鍊」
則是較為耐用的金屬拉鍊，因為早前是拼布族常用的
拉鍊款，有些材料行會將它稱為「拼布拉鍊」，色彩
選擇有限。

2. 包用織帶　就是包包背帶使用的織帶，有各種花色、
尺寸可供選擇。本書作品常用到的織帶，寬度多為
1.5、2.5、4 公分，材質則是純棉。

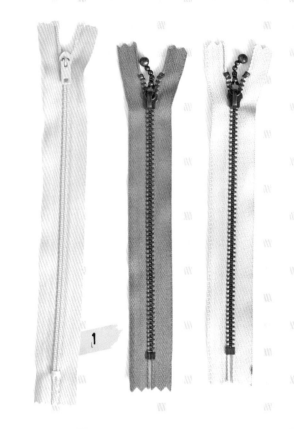

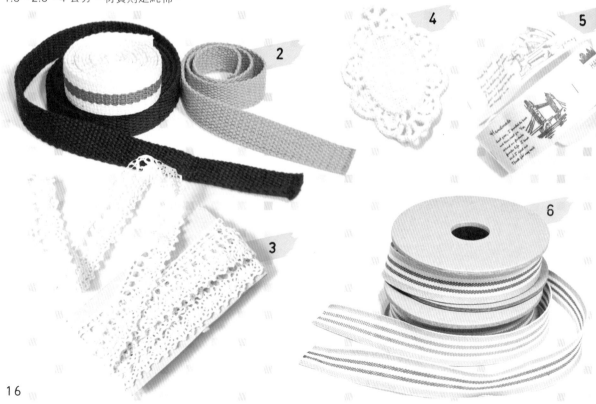

16

3. 蕾絲織帶 這是一種棉質纖維編織而成的花紋織帶，因為花樣就像蕾絲，因此稱作蕾絲織帶。它和一般尼龍類蕾絲不同，除了保有蕾絲的浪漫之外，而且更增添手感。

4. 蕾絲織片 質感類似蕾絲織帶，可以用來作為包面的裝飾配件。

5. 布標 雜貨風的印花布標，這幾年款式越來越多，用來點綴作品，多點變化。

6. 緞帶 緞帶也分有很多種材質，本書選用的緞帶以棉質緞帶為主。

7. 夾棉 夾棉是增加布料挺度，以及包包蓬鬆、柔軟度的重要材料。材質粗分有塑膠夾棉和純棉、動物毛類夾棉，塑膠夾棉比較便宜且用途較廣，後兩者價格上偏高。本書多使用背後皆有背膠的「厚夾棉」、「薄夾棉」。

8. 布襯 如果布料不夠挺、不夠厚，可以在布的反面貼布襯，它和夾棉的差別在於蓬鬆軟度和厚薄。本書常用到的布襯是「硬布襯」，可以讓布料更挺，增加不易變形的硬度。而「厚布襯」、「薄布襯」則是增加布料不同程度的厚度而已。

9. 裁縫用 pp 板 厚度約 0.12 ～ 0.18 公分，是半透明狀的塑膠板，因材質是 pp，所以叫作 pp 板。本書用來作為包包袋底的補強，讓包包底部承重時不易變形。

10. 現成皮把手 縫紉材料店常會販售許多仿皮或真皮製的把手。製作布包時，適當的選用皮製把手來點綴，可提升包包的質感。

常見的五金配件

五金配件對於包包成品，具有畫龍點睛的效果。一個雞眼、固定鈕，就能增加包包的質感，是相當好用的搭配材料。以下介紹書中作品常用的五金配件種類，可依需求選用！此外，除了五金環鈕配件，還有一些釘鈕類，更是讓包包作品更加完整的要角！

1. 口金框 口金是日文金屬的意思，所以口金框的就是金屬框，包包各式各樣的金屬框統稱「口金框」。不管是夾片口金框（簧片口金）、M型口金框、弧形口金框、ㄇ型口金框、扇形口金框，或者支架口金框，都可以直接稱作「口金框」。其中「支架口金框」大多會搭配拉鍊。以下整理出支架口金和拉鍊尺寸的對應參考表，可供參考。

支架口金框

支架口金框寬度		
8 公分	15 公分	6 英寸
10 公分	18 公分	7 英寸
13 公分	25 公分	10 英寸
15 公分	30 公分	12 英寸
18 公分	36 公分	14 英寸
	38 公分	15 英寸
20 公分	38 公分	15 英寸
25 公分	46 公分	18 英寸
30 公分	50 公分	20 英寸

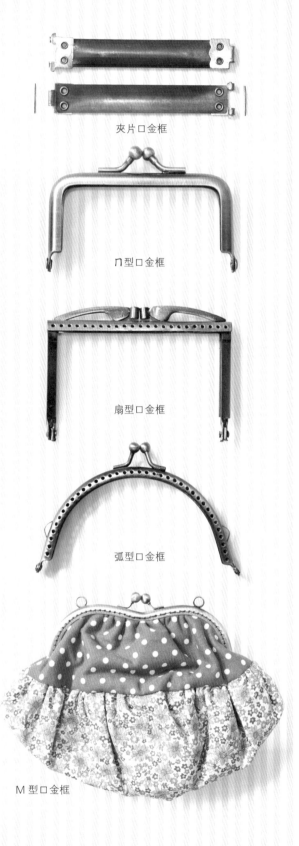

夾片口金框

ㄇ型口金框

扇型口金框

弧型口金框

M型口金框

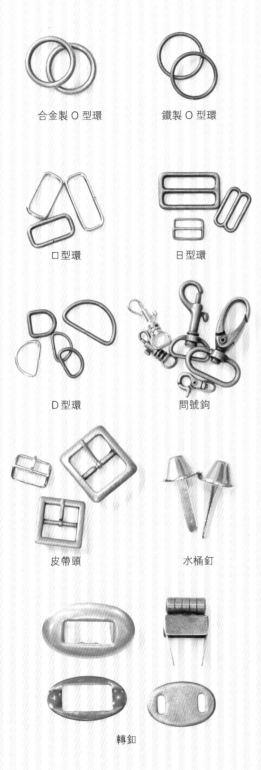

合金製 O 型環　　　鐵製 O 型環

口型環　　　日型環

D 型環　　　問號鉤

皮帶頭　　　水桶釘

轉釦

2. 釦環類　包含包包肩帶的金屬環，以及包包袋口的金屬釦組等具有轉接、固定、扭、轉等功能的金屬配件。本書常用到的環狀金屬物件有 O 型環、口型環、日型環、D 型環，多用在肩帶、腕帶的轉接用途上。從耐用度來說，合金材質會比鐵材質耐用且不易變形。另外，還有依據包包功能屬性設定的搭配用金屬材料，包含了問號鉤、轉釦、水桶釘、皮帶頭等等。

而 O 型環、口型環、日型環、D 型環、問號鉤、皮帶頭，這些在同一個包包款式上，使用的尺寸都會有所對應，比如使用 2.5 公分寬的包用織帶製作可調式肩背帶（參照 p.30），其中會搭配用到的口型環、日型環和問號鉤等的寬度要相同。以下是問號鉤尺寸的比對圖，可供參考使用。

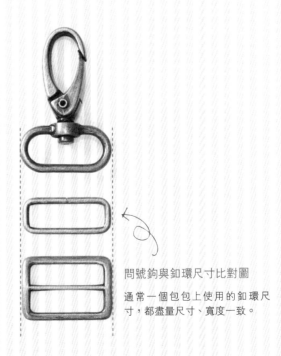

問號鉤與釦環尺寸比對圖

通常一個包包上使用的釦環尺寸，都盡量尺寸、寬度一致。

19

常見的五金配件

3. 手縫式磁鈕 常用在袋口、袋蓋，不需用任何工具安裝，手縫即可固定。

4. 一般磁鈕 這種磁鈕公片、母片的反面都有爪釘，安裝時，依照爪釘的距離，割出尺寸對應的孔位，即可安裝，也是不需要安裝工具，但安裝磁鈕的位置，反面會看見磁鈕的擋片需要事後修飾。

5. 撞釘磁鈕 功能和前面兩種磁鈕一樣，只是需要工具安裝，但是因為表面有裝飾，所以安裝效果比較精緻。

6. 手縫式壓鈕 這是最常見的壓鈕，也就是我們常說的暗鈕，包包的小口袋或者服飾的衣領、裙頭都常用到。

7. 壓鈕 也是常用在包包口袋、袋蓋，安裝需要有尺寸對應的工具。

8. 雞眼 據說看起來像雞的眼睛，所以叫作雞眼，雞眼在包包上通常是裝飾效果比較多，大一點尺寸的雞眼常被用在有束口功能的包包，安裝需要尺寸對應的工具。

9. 固定鈕 顧名思義，是用來固定布片的鈕子，安裝需要尺寸對應的工具。

❀ 手縫式磁鈕（方）

母鈕　　　　公鈕

❀ 手縫式磁鈕（圓）

母鈕　　　　公鈕

❀ 一般磁鈕

母鈕　　　　公鈕

❀ 撞釘磁鈕

母鈕　　　　公鈕

母鈕擋片　　公鈕表片

❀ 手縫式壓鈕

母鈕　　　　公鈕

❀ 壓鈕

母鈕　　　　公鈕

母鈕表片　　公鈕底片

❀ 雞眼

表片　　　　底片

❀ 固定鈕

表片　　　　底片

10. 各式五金釘釦的打具

✽ 壓釦工具

丸斬　　母釦　　公釦　　凹面底座
　　　衝鈕器　衝鈕器

✽ 雞眼工具

丸斬　　衝鈕器　雞眼底座

✽ 撞釘磁釦工具

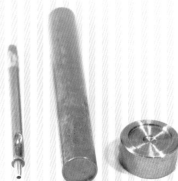

丸斬　　公釦表片　公釦底座
　　　衝鈕器

✽ 固定釦工具

丸斬　　衝鈕器　凹面底座

✽ 膠板和木槌

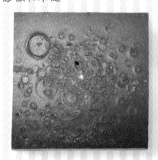

膠板和木槌，是五金配件的必備工具！！

雖說膠板和木槌不是主角，但沒有它們就無法安裝這些五金配件，膠板厚度約有 1 公分，可以保護桌子也可以作為緩衝。木槌則是敲打安裝用的打具，比起鐵鎚，木槌在敲打過程減少對打具的損害，施力上也比膠槌好用。購買的時候，選購槌頭的比例比握把重、穩的會比較好用。

不可不知的技法
與小撇步

五金與皮革

製作包包除了要練習如何縫紉以外，建議也學會幾招如何使用五金釦。這些其實難度不高，
只要學會技法和瞭解小撇步，就能巧妙應用在作品上，成為讓旁人羨慕的達人級水準！

在皮革鏤刻出花型

使用工具
如果選擇的是其他花樣斬，做法相同。

1

將圖形畫在紙張上。

2

將紙張放在布的正面，並且確定紙張
不會輕意移動，下面墊膠版保護桌面。

3

使用丸斬從最中心的圖形往外敲打。

同場加映！ ### 認識打孔工具

打孔工具有很多花樣，最常見的是圓形工具或稱丸斬（本書稱丸斬），除
了可以打裝飾用的圖案，要安裝五金釦前，也必須使用丸斬打洞。依照不
同需求，丸斬分有下列尺寸，本書用到的尺寸是6、8號丸斬，下表中數
字為直徑尺寸。

丸斬號碼與內徑大小對照

號碼	3	4	5	6	7	8	10	12	14	15	18	20	25	30	40	50
內徑	0.9	1.2	1.5	1.8	2.1	2.4	3	3.6	4	4.5	5	6	7.5	9	12	15

內徑尺寸單位為「公分」

🪡 安裝壓釦

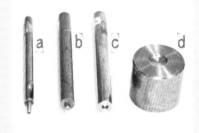

使用工具

a. 丸斬 b. 母釦衝鈕器 c. 公釦衝鈕器
d. 凹面底座

1

先打好孔位，反面套上公釦底片，
正面套上公釦表片。

2

使用公釦衝鈕器，搭配木鎚敲打安
裝。

3

將母釦表片放置在凹面底座上，套
上布片（此時布片反面朝上）。

4

套上母釦底片，以母釦衝鈕器搭配
木鎚敲打。

5

這個時候要留意，衝鈕器與釦子方
向要一致。

6

安裝完成。

不可不知的技法與小撇步

安裝撞釘磁釦

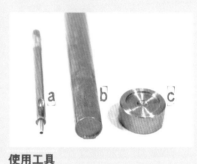

使用工具

a. 丸斬 b. 公釦表片衝鈕器 c. 凹面底座

先打好孔位後，在布片反面套上公釦底片。

正面套上公釦表片。

放置在公釦底座上。

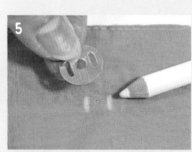

使用表片衝鈕器，搭配木鎚敲打安裝即成。

正面套上公釦表片。

母釦摺在布正面上，依據母釦爪，剪開兩個孔位。

從正面套上母釦表片，反面套上母釦擋片，以鉗子彎摺母釦爪即成。

🥁 安裝雞眼

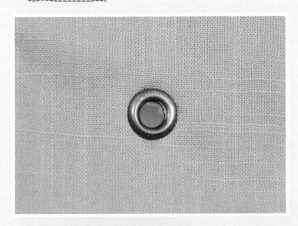

使用工具

a. 丸斬 b. 衝鈕器 c. 雞眼底座

先打好孔位。

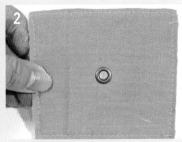

在孔位套上雞眼表片。

隔著布，套上雞眼下片。

放在尺寸對應的雞眼座上。

使用雞眼衝鈕器，搭配木槌敲打。

不可不知的技法
與小撇步

五金與皮革

安裝固定釦

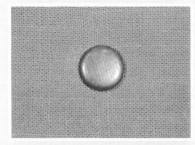

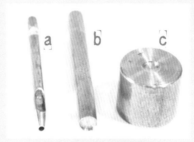

使用工具
a. 丸斬 b. 衝鈕器 c. 凹面底座

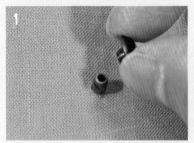

1 先打好孔位，從布的反面套上公釦、正面套上母片。

2 放在尺寸對應的凹面底座上。

3 使用凹面衝鈕器搭配木鎚敲打安裝即成。

同場加映！

線要固定在針孔，才不會在縫線過程鬆脫。

手縫皮革跟縫布不一樣，皮革較硬，所以需要事先使用菱斬打線孔，再以雙針進行縫合。也因為使用雙針縫合，如果針線沒固定好，縫合過程一直掉線、穿線是件掃興的事，下面教你使用上過蠟的縫皮麻線，跟針牢牢銜接的方法！

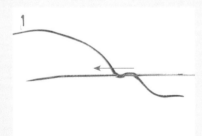

1 針刺入縫線三次。

2 短線頭穿入針孔。

3 長線往針孔後面拉直。

縫合皮革

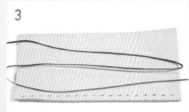

使用工具
a. 單孔菱斬 b. 四孔菱斬

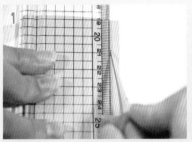

1 在需要縫線的皮面上，使用錐子輕繪出縫線記號。

2 使用四孔菱斬沿著縫線記號，搭配木鎚打出一排線孔。

3 丈量整排線孔長度，依據這個長度乘以三倍，等於縫線的長度。

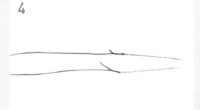

4 使用兩支針，分別裝在線的頭、尾。

5 右手線先穿入，拉直。

6 左手線自另一端同一個線孔穿入，如此反覆直到結束。

7 結尾不用打結，只要迴針二到三次，將線縫進皮革中間，抽出針即可剪斷。

同場加映！ 認識菱斬的尺寸

菱斬該怎麼判斷「針距」、「孔徑」尺寸呢？參照左圖以及下面尺寸表格，依需求選購適合的菱斬超簡單。

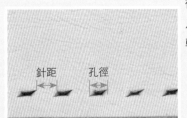

針距　孔徑

常用菱斬尺寸對應	
針距	孔徑
1.5 公釐	1.5 公釐
2.0 公釐	2.0 公釐
2.5 公釐	2.5 公釐

不可不知的技法 與小撇步

長形條狀物做法 1 直接縫合

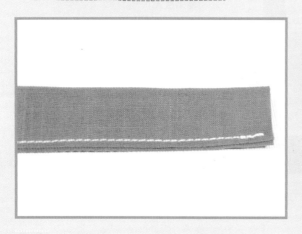

用途

袋子把手、肩帶、束口繩、腕帶、D環耳。

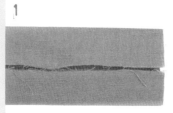

1

將布條從正面往反面摺兩次。

2

距離邊緣約 0.2 公分縫合即完成。

同場加映！ 布邊直角縫法

這是一種收縫布邊的方法,除了使用在布條兩端的布邊縫份以外,只要遇到必須將兩片布的布邊縫合,就可以利用這種摺疊布角的方法將布邊縫合。

1

長邊反摺兩次後,短邊反折約 0.8 公分。

2

長邊對摺之後,夾入 0.8 公分縫份中。

3

距離邊緣約 0.2 公分縫合即可。

長形條狀物做法 2 反面縫合

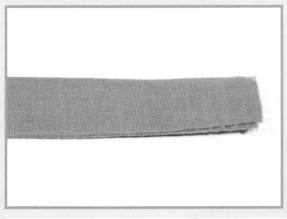

用 途

袋子把手、肩帶、束口繩、腕帶。

1

將布條正面相對。

2

對摺以後從反面縫合。

3

使用反裡針,將布條翻到正面即可。

同場加映! 認識反裡針

反裡針的針頭是勾狀,方便將布勾住,然後卡緊拉出來,是布翻面的最佳利器。

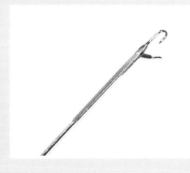

勾住布後,將布慢慢、小心地拉出、翻正。

不可不知的技法
與小撇步 Skills And Tips You Must Know

布料、輔料和手縫技法

🪡 製作可調式肩背帶

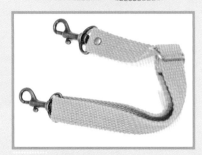

用 途 包包肩帶

1

將織帶其中一端穿入日型環，然後摺疊。

2

以固定釦或縫線固定摺疊處。

3

另一端套入問號鉤，或者固定在袋身上的口型環。

4

然後再穿入日型環。

5

這一端也固定在問號鉤，或者袋身另一邊的口型環即完成。

🪡 可調長短背繩綁法

用 途 包包肩帶

1

準備一條線繩。

2

穿過問號鉤或其他包包釦環，左邊線端在右邊線身上打一個結，要預留一小段線繩。

3

4

將預留的小段線繩再打一次結。

右邊線端在左邊線身上也打一個結，然後重複做法 1. ~ 3. 即完成。

製作布腕帶

用 途　包包腕帶、鑰匙圈

1

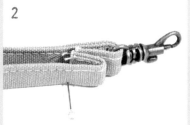

2

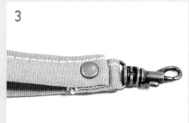

3

布片縫成條狀（參照 p.28 做法 1.）

穿入問號鉤後，兩端往內摺。

以固定釦或縫線固定即完成。

同場加映！ 皮腕帶這樣做

將皮腕帶穿入問號鉤，短邊反摺 2 公分，壓住長端，使用固定釦固定即可。

用 途　包包肩帶

使用固定釦固定即可。

不可不知的技法
與小撇步 Skills And Tips You Must Know

如何包布邊

用途 布邊縫份收尾、修飾。

1 將斜紋布條短布邊縫份反摺，正面朝主體布片正面對齊。

2 在布條四分之一處和袋身布片縫合，結尾將多餘的布條剪掉。

3 翻到反面，用熨斗將布條往內摺疊。

4 使用藏針縫縫合。

5 或是使用縫紉機，在正面布與布條接合處縫合。

6 使用縫紉機縫合後的反面，會看見縫線，手縫藏針縫則看不到縫線。

同場加映！

處理布條頭、尾

用途 布邊縫份收尾、修飾。

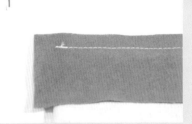

1 布條正面朝主體布的正面，在布條四分之一處縫一條直線，開頭留縫份。

翻到反面，將短邊縫份反褶。　　再將長邊摺疊後，塞入短邊縫份下。　　並且縫合固定。

🧵 斜紋布剪法和接布

用　途　縫合布邊、滾邊、修飾布邊。

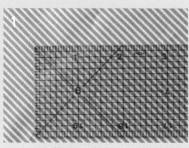

取一支方格尺放在布上，藉方格尺的斜角記號做依據。

以消失筆在布的斜紋方向繪製裁剪所需要的直線記號，線需等距離寬度。

將畫好的布沿著直線剪下成條狀，若布條長度不夠，可以如圖所示方法車縫接布。取二條布條，一正一反交疊，以平針縫或車縫縫好。

以剪刀修剪多餘的縫份。

將一正一反的布條翻開，即成一條兩倍長的斜布條。

不可不知的技法 與小撇步

Skills And Tips
You Must Know

布料、輔料和手縫技法

🎀 遮邊縫

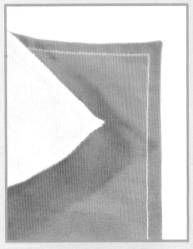

用 途 布邊縫份收尾、修飾。

將布片反面對反面。

縫合時，縫份為原本預留縫份的三分之一為最佳。

翻到反面，再沿原本預留縫份的三分之二寬度縫合，即可將縫份布邊藏起。

🎀 袋型抓底

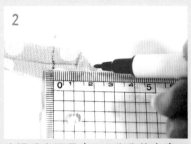

用 途 袋型外觀、厚度的製作。

將預先縫好的袋底以縫份線為中心，攤平兩邊袋底布。

這裡垂直面量出 1.5 公分的高度，袋子厚度則是 3 公分。

沿著縫線記號縫合即完成。

🪡 常用的基本手縫技法

迴針縫

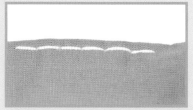

最常使用、最基本的縫法之一，通常用來固定布片，較平針縫來得牢固。

1 從布的反面起針，在正面入第二針，然後反面穿出第三針。

2 抽出針線之後，針刺回第二針孔，並跨過第三針孔，從反面穿出第四針孔，後續重複 1.~2.動作直至結束。

平針縫 & 粗針縫

平針縫用來固定布片，常搭配迴針縫使用。粗針縫又稱「疏縫」，是用來暫時固定布片使用，是平針縫將針距拉大的變化動作。

1 從布的反面起針，可以穿 2~3 針再抽出針線。

2 一直重複做法 1.，直至結束。

藏針縫

是隱藏縫線的針法，因為縫合時是對齊前面出針的方式，所以又稱對針縫，是本書最常用到的手縫方式。

1 首先從反面起針。

2 抽出針線後，往對面對齊的布面入針。

3 隨即在旁邊約 0.3 公分處出針，重複做法 1.~3. 直到結束。

4 在最後線繞針三次。

5 拇指壓住線，將針拉出即可打結。

6 最後將針插入縫隙，再從另一端拉出，將結拉近布的反面即可完全看不見縫線。

布料、輔料和手縫技法

🌀 貼夾棉

用途
增加布的厚度、蓬鬆度，讓袋子更挺。

裁剪夾棉時，通常要比布身來得小，如果布身縫份是 0.8 公分，夾棉即為布身扣除縫份的大小，這是為了減少縫份的厚度。

夾棉有膠的那面朝布的反面，居中擺放。

夾棉上鋪一片棉質布。

熨斗高溫熨燙約 1 分鐘半，但不要重壓，以免蓬鬆的夾棉被高溫的熨斗熨扁。

翻到正面，熨斗保持輕熨勿重壓，確定布與夾棉貼合了為止。

🥟 貼布襯

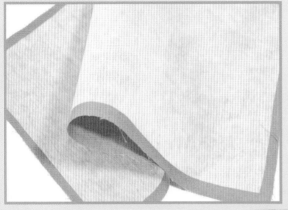

用途

增加布料的厚度、硬度，讓布料更挺、耐用。

裁剪布襯時，通常要比布身來的小，如果布身縫份是 0.8 公分，布襯即為布身扣除縫份的大小，這是為了減少縫份的厚度（如果使用的布襯是最薄的厚度，則不用縮縫份）。

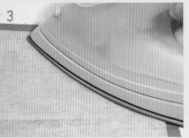

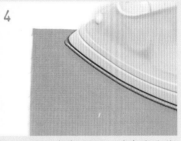

布襯有膠的那面朝布的反面，居中擺放。

熨斗高溫熨燙約 1 分鐘半。

翻到正面，輕輕熨燙，確定布與襯貼合了為止。

🥟 弧形邊緣的縫份芽口

縫合有弧邊的縫份之後，在翻到正面之前，可以剪出等距的芽口。

用途

輔助翻面動作，讓袋子的弧邊更加平順。

翻面後弧形邊緣較平順。

不可不知的技法 與小撇步
Skills And Tips You Must Know

邊緣袋口式拉錬

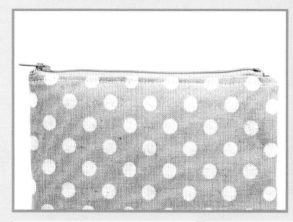

用途

最常見的拉錬包都屬於這種，拉錬都在邊緣開口處。為了拉錬開闔方便，兩端的拉錬織帶在縫合時，必須反摺到裡布袋。

1

將外布正面，朝拉錬正面，下層放正面朝上的裡布。

2

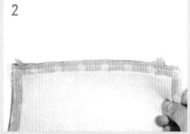

縫合之前，將拉錬織帶往裡布方向反摺，縫到尾端之後，尾端拉錬織帶也是相同方式反摺。

3

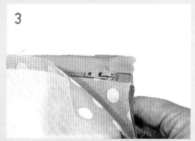

另一邊也是將外布正面朝拉錬正面，下層放正面朝上的裡布。

4

拉錬頭、尾端一樣在縫合時向裡布反摺。

5

翻到正面，可以在正面拉錬與布邊縫一條線，固定反面的縫份，在拉錬開闔過程中比較不會咬到裡布。

袋身開口式拉鍊

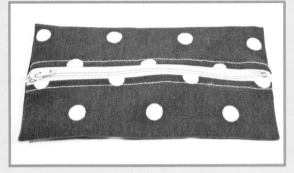

用途

拉鍊位置不在邊緣,而是開在袋身平面處、或是一些大包包裡的暗袋、拉鍊袋,特色是因為固定在平面的位置上,拉鍊兩端織帶就不需要反摺縫合,而是只要對齊布緣縫合即可,從製作角度上來看,較易上手。

1

將外布正面朝拉鍊正面,下層放正面朝上的裡布。

2

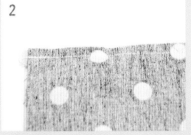

然後縫合。

3

另一邊也是將外布正面朝拉鍊正面,下層放正面朝上的裡布。

4

縫合固定。

5

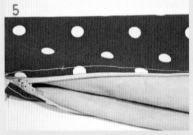

翻到正面,可以在正面拉鍊與布邊縫一條線,固定反面的縫份,在拉鍊開闔過程中比較不會咬到裡布。

小叮嚀

這兩種拉鍊縫法都是針對有裡布袋的拉鍊包為例,如果不想多加裡布,只須直接省略裡布動作即可。

技法活用示範，
多功能拉鍊包

**Skills Example,
Zipper Case**

收納手機、
雜物超方便！

紙型檔名
no.01

如果你已經對材料、工具有了大致瞭解，並且看過了前面的技法教學，那現在就來試做一個拉鍊包吧！這個小包的製作，包含抓底、製作腕帶、拉鍊和安裝雞眼釦等多個基本技法，是你真正開始製作書中其他作品前，先測試實力的小小練習。

成品尺寸

整體＊寬 16× 高 10× 厚 1 公分

材　　料

外布＊寬 30× 高 30 公分 1 片
裡布＊寬 30× 高 30 公分 1 片
雞眼＊直徑 1.7 公分 1 組
銅拉鍊＊長 15 公分 1 條

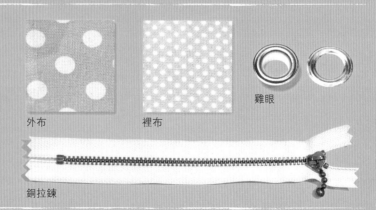

外布　　　　裡布　　　　雞眼

銅拉鍊

1. 前置作業

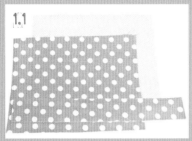

裁剪好所需的布片。

按紙型中標示的記號，以粉圖筆等
在布料上做摺疊所需的記號。

小叮嚀

這個作品原設定没有貼合夾棉或者布襯，如果
希望能增加厚度，可以這時候先裁剪夾棉或布
襯，在兩片外布的反面貼合，夾棉、布襯做法
參照 p.36。

2. 製作腕帶

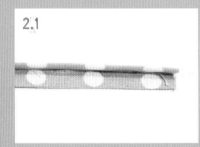

將腕帶對摺兩次。

縫合固定。

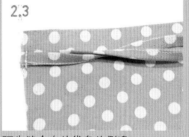

預先縫合在外袋身片側邊。

3. 固定拉鍊

3.1

將外布正面，朝拉鍊正面，下層放正
面朝上的裡布，拉鍊頭、尾端在縫合
時向裡布反摺。

3.2

另一邊拉鍊織帶也以同樣方式縫合
固定。

3.3

拉鍊縫合固定。

4. 縫合袋側

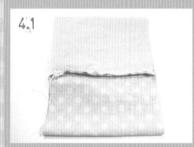

4.1

攤平裡布袋與外布袋。

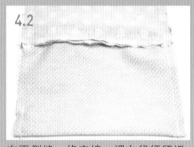

4.2

在兩側縫一條直線，裡布袋須留返
口。

4.3

返口大小需根據兩個袋身擠成一團
後，可以通過的體積而定。

5. 抓底

5.1

依據縫份中心，將袋底往兩邊攤平。

5.2

使用粉圖筆、方格尺丈量 1 公分，
然後畫下記號線。

5.3

沿著記號線縫一條直線。

6. 安裝雞眼

翻到正面，調整袋型。

使用直徑 0.9 公分丸斬，在袋身上打雞眼孔位。

袋身正面套上雞眼表片，袋身裡面套上雞眼下片。

雞眼表片放在雞眼底座上。

然後以木鎚敲打衝鈕器安裝、組合雞眼。

7. 縫合返口

用藏針縫縫合裡布袋返口即完成。

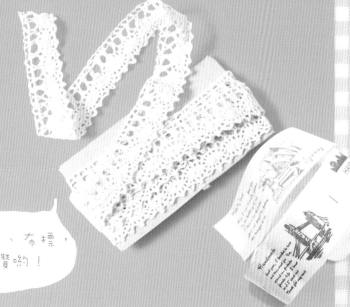

搭配蕾絲織帶、布標，效果也很讚喲！

43

用難易程度區分，你適合哪一個？

適合縫紉初學者 ⭐

46 帆布筆袋
47 帆布手提書衣
47 點點手提書衣
43 迷你蕾絲包
50 蝴蝶結零錢包
50 蕾絲口金包
52 蕾絲面紙套
52 雜貨風面紙套
53 幾何圖案面紙套
53 手腕小錢包
53 手腕拉鍊小包
59 化妝面紙兩用包
59 拼布風化妝包
66 信封包
67 小扁方包
71 立體粽子包
71 收納拉鍊小包
73 拉鍊化妝包
75 帆布拉鍊包

適合有經驗者 ⭐⭐

49 雕花口金包
50 拉鍊餐具套
55 手機包
62 印花小圓包
62 蕾絲小圓包
63 蝴蝶結腕包
63 手腕拉鍊圓包
65 半圓包
65 條紋圓包
70 口金短夾
74 百褶包

適合縫紉高手 ⭐⭐⭐

54 拉鍊手機包
56 格子長夾
56 花長夾
60 多功能旅行包
64 半圓肩背包
63 金屬釦環方包
69 金屬釦環圓包

用完成時間區分，你想做哪一個？

半天就能完成

46 帆布筆袋
47 帆布手提書衣
47 點點手提書衣
43 迷你蕾絲包
49 雕花口金包
50 蝴蝶結零錢包
50 蕾絲口金包
52 蕾絲面紙套
52 雜貨風面紙套
53 幾何圖案面紙套
55 手機包
59 化妝面紙兩用包
59 拼布風化妝包
62 印花小圓包
62 蕾絲小圓包
63 蝴蝶結手腕圓包

一天可以做好

65 半圓包
65 條紋圓包
67 小扁方包
71 收納拉鍊小包
71 立體粽子包
73 拉鍊化妝包

54 拉鍊手機包
56 格子長夾
56 花長夾
53 手腕小錢包
53 手腕拉鍊小包
60 多功能旅行包
63 手腕拉鍊圓包
70 口金短夾
74 百褶包

一天以上慢慢來

64 半圓肩背包
63 金屬釦環方包
69 金屬釦環圓包

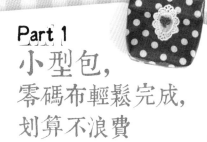

Part 1
小型包，
零碼布輕鬆完成，
划算不浪費

Small Bag,
Use The Piece-end
Frabics As Possible.

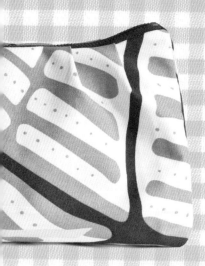

Canvas Pen Case

帆布筆袋

p.136 做法

帆布材質製作的包包，

有一種帥氣感，也很耐用，

最適合製作筆袋或者文具相關的包包製品。

p.133 做法

p.139 做法

Canvas Book Cover
帆布手提書衣

Dots Book Cover
點點手提書衣

多了提把的書衣，
書本就算不放在包包裡，
手拿也輕鬆～

Lace Coin Bag
迷你蕾絲包

p.142
做法

粉嫩色系的合成皮，
搭配織帶蕾絲，
散發個性且獨特的氣質。

p.137
做法

Leather Frame Bag
雕花口金包

在皮革或者合成皮上鏤刻花紋，

愛心、圓形等等，

感覺很別緻！！

Happiness

夾片口金框最適合做小巧的零錢包了，

再搭配防水布，

下雨天外出買東西，

拿零錢，再也不怕濕答答囉！！

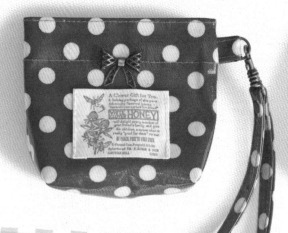

Butterfly Coin Purse
蝴蝶結零錢包

Lace Frame Purse
蕾絲口金包

p.143 做法

Love it

防水材質

Zipper Tableware Case
拉鍊餐具套

這個尺寸剛好可以
放入一只湯匙和一雙筷子，
外食族帶著它超環保！！

Lace Tissue Case
蕾絲面紙套

Zakka Tissue Case
雜貨風面紙套

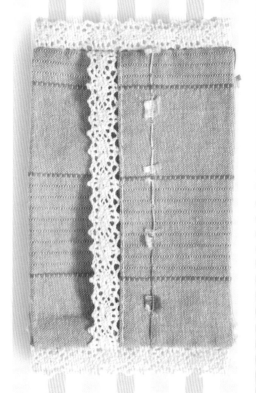

p.144
做法

p.145
做法

簡單的布片縫合，
這樣的面紙套最適合縫紉初學者做為練習。

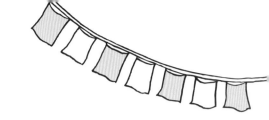

Geometry Tissue Case
幾何圖案面紙套

p.145
做法

布料花色的挑選非常重要，
不僅賦予作品個性，
更能完整表現製作者的用色和喜好。

53

看得出這兩款手機包除了袋口不一樣之外，
有沒有發現 D 環耳有差別呢？
一個是別在包包上，防止包包倒置時手機滑出，
一個是接著手腕帶，便於手持時不易掉落。

p.164
做法

Zipper Cell Phone Case
拉鍊手機包

Cell Phone Case
手機包

內部

背面

p.165
做法

Plaid Long Wallet
格子長夾

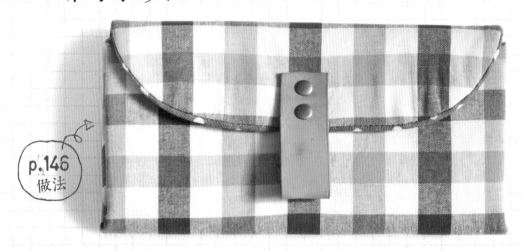

p.146
做法

Floral Long Wallet
花長夾

p.143
做法

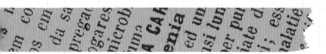

布料作品適當的搭配皮革，
可大大提升作品的質感喲！！

打開 ↗

内部 ↗

打開 ↗

57

使用
支架口金框

p.150
做法

拉鍊與支架口金框的組合，
不僅讓小包更實用，
外觀上更增添些許創意，令人印象深刻。

Zipper Wristlet Bag
手腕拉鍊小包

p.150
做法

Cosmetic and Tissue Two-way Bag
化妝面紙兩用包

p.152
做法

Patchwork Cosmetic Bag
拼布風化妝包

p.152
做法

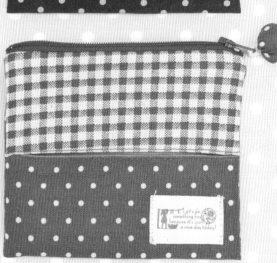

對女孩們來說，
面紙包和化妝包是
僅次於皮夾第二重要的小包，
可以收納所有隨身物品，
讓小東西不再流浪。

多功能旅行包

Multi-pocket
Shoulder Travel Bag

p.154
做法

使用厚帆布，
配上格子布，
背起來簡單大方！
手藝材料店常見的印花布標，
隨意搭就能呈現雜貨風，
如果不想肩背，
也可以卸下肩帶，
放在大包包中收納小物，
超方便！

內部

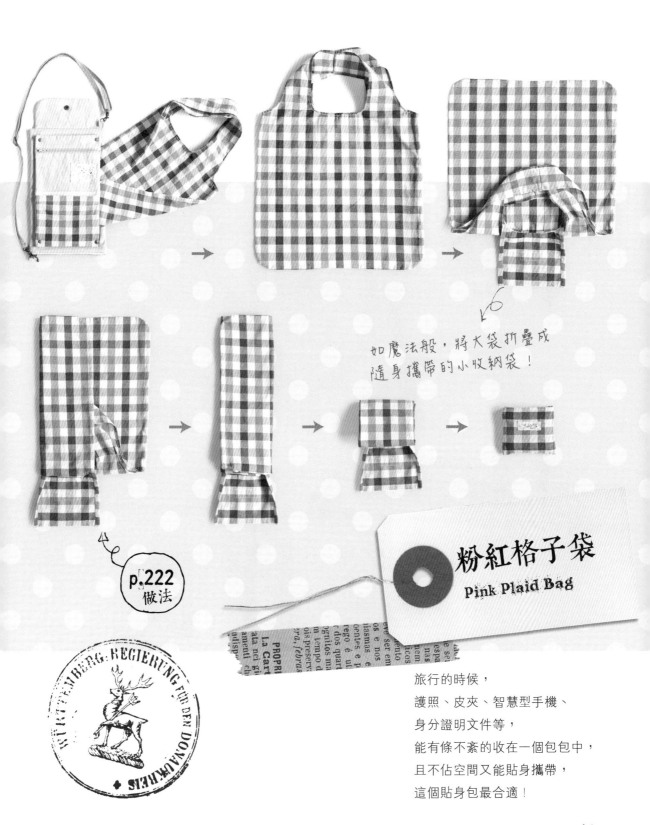

如魔法般，將大袋折疊成
隨身攜帶的小收納袋！

p.222
做法

粉紅格子袋
Pink Plaid Bag

旅行的時候，
護照、皮夾、智慧型手機、
身分證明文件等，
能有條不紊的收在一個包包中，
且不佔空間又能貼身攜帶，
這個貼身包最合適！

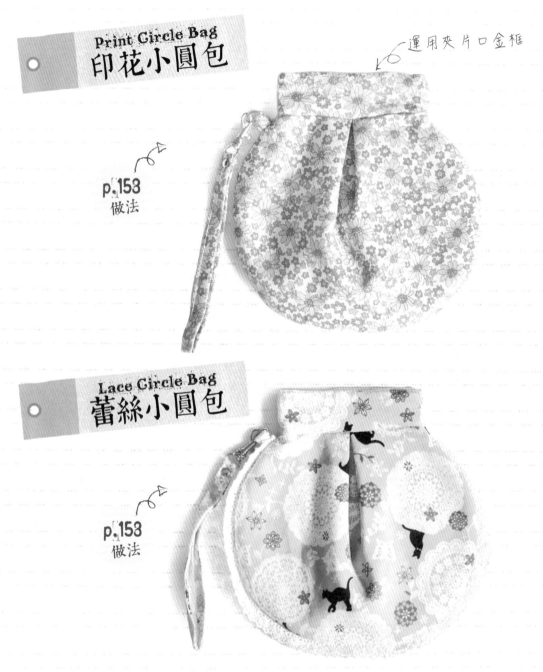

Print Circle Bag
印花小圓包

運用夾片口金框

p.153
做法

Lace Circle Bag
蕾絲小圓包

p.153
做法

小巧精緻的圓形包款，是女性的最愛。
於袋子邊緣再加上蕾絲裝飾，更添浪漫風情。

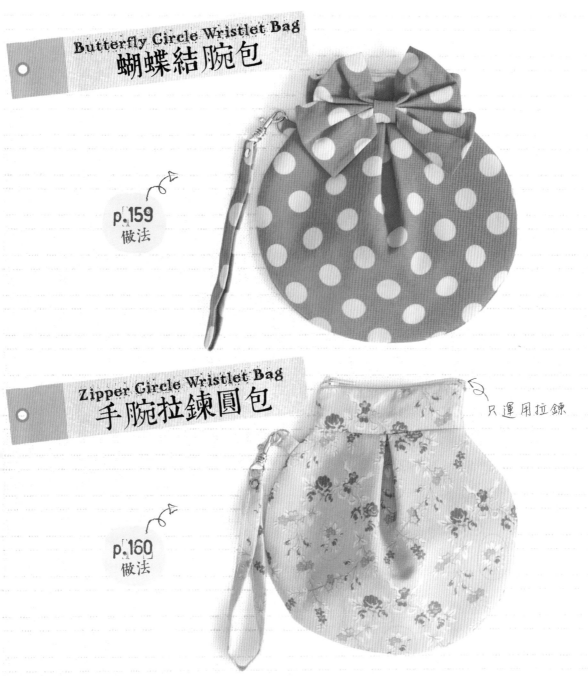

p.159
做法

Butterfly Circle Wristlet Bag
蝴蝶結腕包

Zipper Circle Wristlet Bag
手腕拉鍊圓包

只運用拉鍊

p.160
做法

即便基礎版型相同，但只要選用不同花色的布料，
或者加上一個小蝴蝶結裝飾，輕易就能變化不同風采。

Semi-circle Shoulder Bag
半圓肩背包

只要裝上一條皮繩，
就可以肩背四處悠遊，
省略皮繩，
搖身一變成為集可愛與實用的
半圓手拿包！

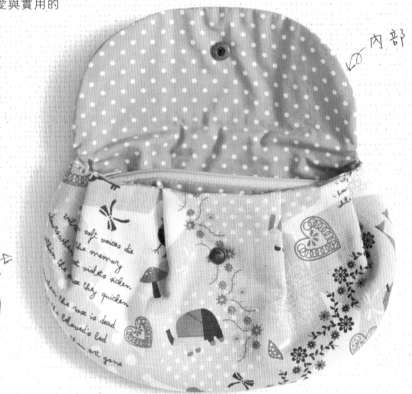

內部

p.162
做法

p.163
做法

Semi-circle Bag
半圓包

條紋與點點，是最不失敗的花紋，
不管用在哪一種包款，都適合無比。

Striped Round Bag
條紋圓包

p.163
做法

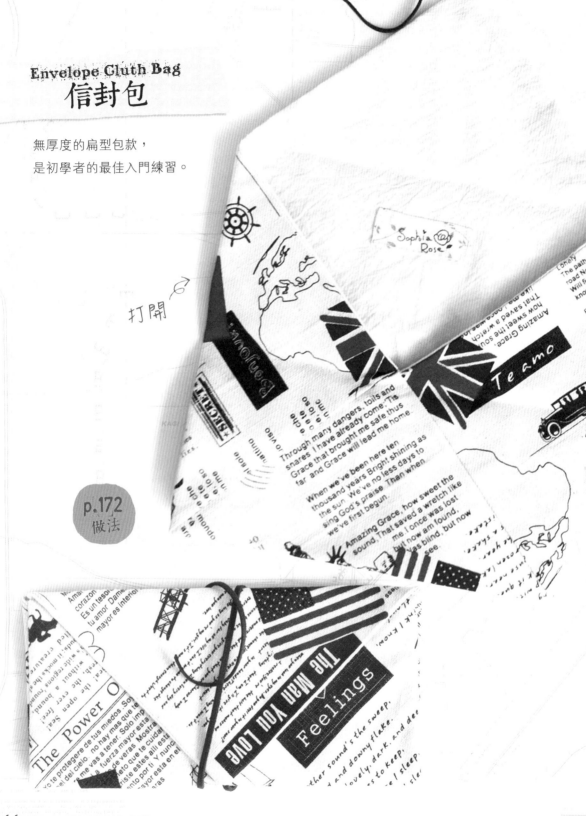

Envelope Cluth Bag
信封包

無厚度的扁型包款，
是初學者的最佳入門練習。

打開

p.172
做法

Flat Small Bag
小扁方包

p.161
做法

背面

Oval Bag
橢圓書袋

p.224
做法

Flap Shoulder Square Bag
金屬釦環方包

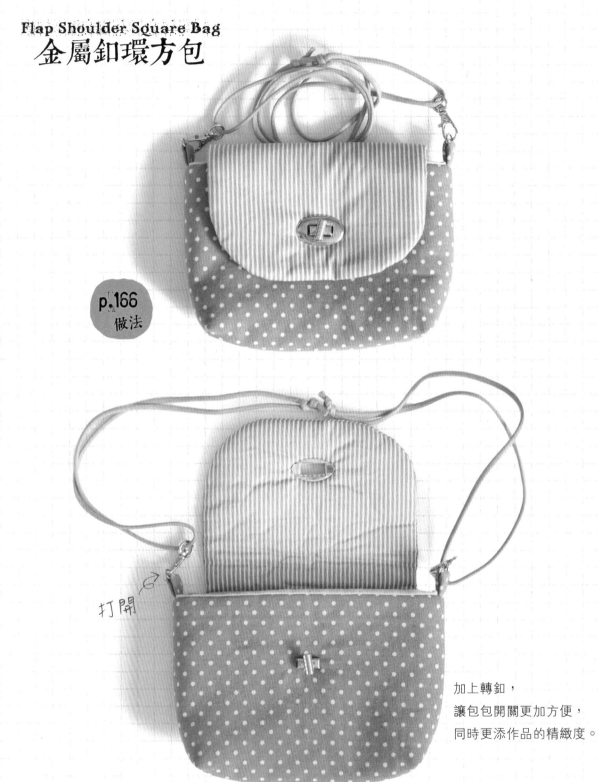

p.166
做法

打開

加上轉釦，
讓包包開關更加方便，
同時更添作品的精緻度。

Flap Shoulder Hobo Bag
金屬釦環圓包

p.163
做法

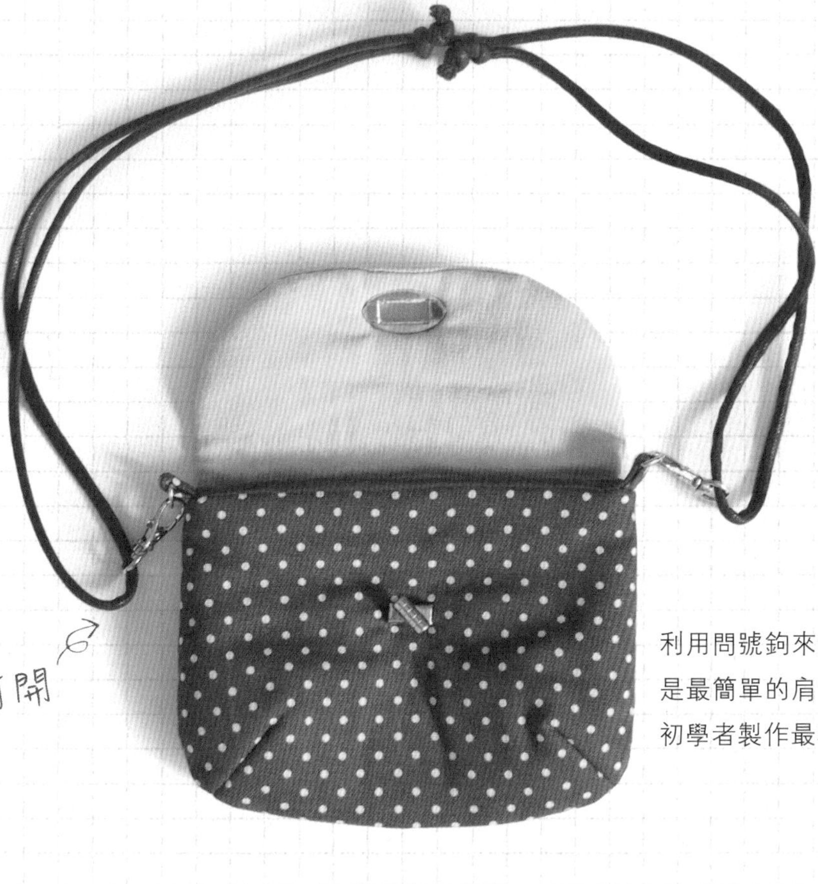

打開

利用問號鉤來連接皮繩，
是最簡單的肩背帶形式，
初學者製作最容易成功。

Frame Wallet
口金短夾 p.170
做法

內部

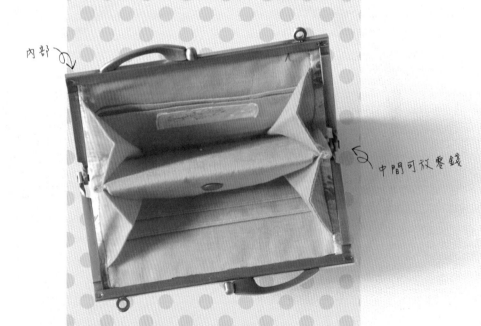

中間可放零錢

可以選用造型獨特的口金框，搭配自己偏好的花布，讓短夾陪伴你每一天。

Pyramid Shaped Bag
立體粽子包

p.173
做法

這個可愛的立體粽子包可以裝零錢和小配件，
隨身攜帶不佔空間。

Small Zipper Pouch
收納拉鍊小包

p.174
做法

Pleats Frame Bag
褶子口金提包

p.234
做法

加了一點皺褶變化，
可以讓包包更加立體。
支架口金框與拉鍊的組合運用，
使包口開關更便利。

Zipper Cosmetic Bag
拉鍊化妝包

p.175 做法

每個女孩都會同時擁有好幾個化妝包，
依收納物分門別類放好，整齊又美觀。

百褶包

p.176
做法

手拿包可以放入錢包、手機和鑰匙，
是出門逛街、去便利商店買東西時的最佳隨身小袋。
加上手腕帶，套在手腕更方便。

Canvas Zipper Bag
帆布拉鍊包

特別處在拉鍊

p.177
做法

耐用的帆布材質不僅適合製作大型包款，
用在小包、小袋上也不錯。
耐磨且不易損壞的特性，榮登最實用的製包材質。

用難易程度區分，你適合哪一個？

適合縫紉初學者🌸

79 點點水壺袋
79 蝴蝶結酒袋
32 紅色條紋包
33 文字書包
33 肩背休閒包
36 托特包
37 輕便托特包
37 印花輕便包
33 可頌包
39 褶子手提袋
39 萬用手提袋
94 丹寧格紋袋
101 珠釦口金包
101 肩背口金包
107 旅行收納袋
107 拉鍊收納袋

適合有經驗者🌸🌸

73 側肩雕花鍊包
34 小黑鳥包
90 縮褶淑女包
90 蕾絲淑女包
92 兩用印花包
95 兩用丹寧包
96 字母兩用袋
99 蕾絲花包
104 蕾絲蛋糕包
104 皮提把蛋糕包
106 圓點托特包

適合縫紉高手🌸🌸🌸

30 手提醫生包
34 小橘鳥包
34 青鳥包
91 泡芙包
97 提把化妝包
93 口金化妝包
100 M型口金包
102 夢幻英倫包
103 英倫書包
105 斜肩水桶包

用完成時間區分，你想做哪一個？

半天就能完成

73 點點水壺袋
73 蝴蝶結酒袋
36 托特包
37 輕便托特包
37 印花輕便包
33 可頌包
39 褶子手提袋
39 萬用手提袋
94 丹寧格紋袋
99 蕾絲花包
101 珠釦口金包
101 肩背口金包
107 旅行收納袋
107 拉鍊收納袋

一天可以做好

73 側肩雕花鍊包
32 紅色條紋包
33 文字書包
33 肩背休閒包
34 小黑鳥包
90 縮褶淑女包
90 蕾絲淑女包
92 兩用印花包
95 兩用丹寧包
96 字母兩用袋
97 提把化妝包
93 口金化妝包
100 M型口金包
104 蕾絲蛋糕包
104 皮提把蛋糕包
106 圓點托特包

一天以上慢慢來

30 手提醫生包
34 小橘鳥包
34 青鳥包
91 泡芙包
102 夢幻英倫包
103 英倫書包
105 斜肩水桶包

Part2
中型包，
上班、上學、假日帶著走，
生活最實用
Medium Bag,
For School & Office &
Holiday

Leather Chain Shoulder Bag
側肩雕花鍊包

p.173
做法

珍珠粉紅色的皮革，
散發出淡淡柔和的光芒，
使用它，更增添少女清純活潑的氣息。

Dots Bottle Bag
點點水壺袋

Butterfly Wine Bottle Bag
蝴蝶結酒袋

p.179 做法

p.179 做法

在凡事講求環保的今天，
就從出門時帶一瓶水開始響應！
搭配這個可愛的水壺袋，
為平凡的水壺穿上獨特的外衣。

Gladstone Bag
手提醫生包

p.130
做法

一般醫生包大多為皮製，
布製醫生包非常少見。
布製材質最大優點，在於輕巧好拿，
提久了也絕不手痠。

加長型提把，
手提肩背都好用！

Red Striped Bag
紅色條紋包

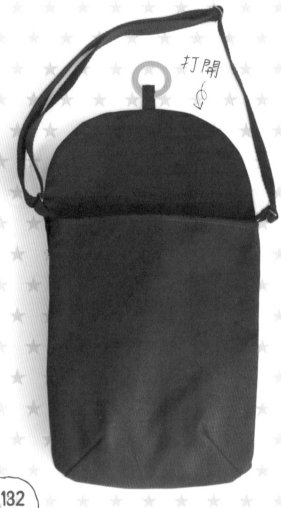

打開

p.132
做法

挑選厚度、硬度適當的帆布，
做出來的成品會比較挺，
再搭配任何裝飾用的五金環釦，
有畫龍點睛之效喲！！

運用不同的布料，
加上一點點小配件，
賦予每一個包包不同的生命力。

p.133
做法

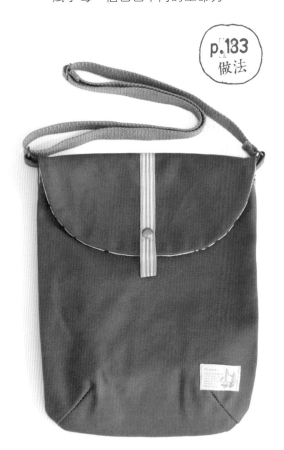

p.133
做法

Casual bag
文字書包

Single Shoulder
Casual Bag
肩背休閒包

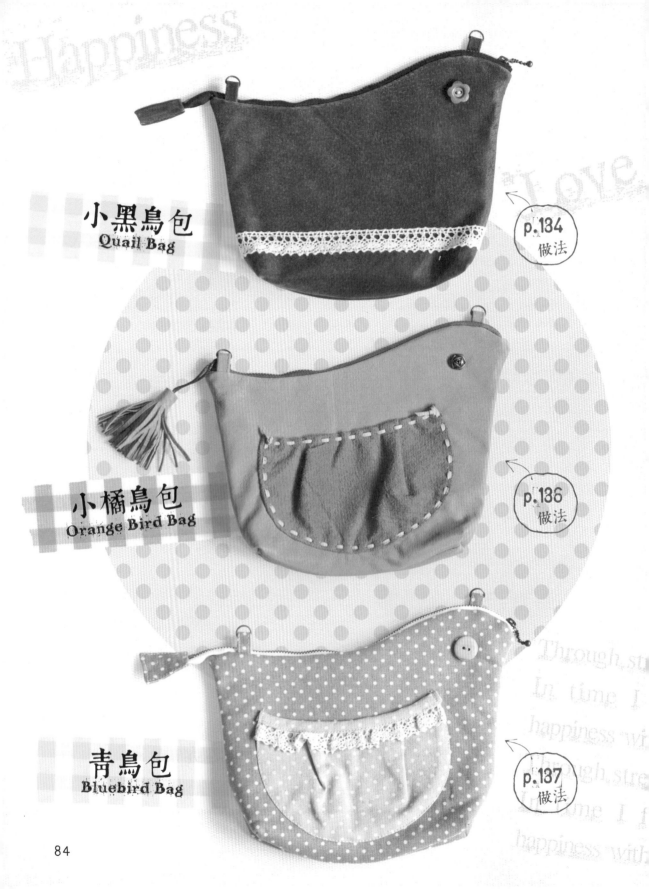

小黑鳥包
Quail Bag

p.134
做法

小橘鳥包
Orange Bird Bag

p.136
做法

青鳥包
Bluebird Bag

p.137
做法

方便收納的小口袋！！

晴天、雨天、郊遊天，
簡單的隨身用品、手機，
通通裝進小鳥包，
一起出去玩吧！
走訪大街小巷，
一起渡過幸福時光。

製作包包的時候，
在裡布袋袋底縫一條問號鉤帶，
將所有的小包包都勾住，
可預防這些小包不慎掉出。

Tote Bag
托特包

p.190
做法

p.196
做法

Easy Tote Bag
輕便托特包

p.197
做法

Print Easy Tote Bag
印花輕便包

可以隨自己喜好變化大小尺寸製作，
選一塊最愛的布，今天立刻做！

p.133
做法

Croissant Wristlet Bag
可頌包

不管是日系雜貨風點點布，
或者北歐風的印花圖樣布，
用在這個可頌包上相得益彰，
每天都想帶出門。

p.191
做法

Pleats Tote Bag
褶子手提袋

只要在提帶上多點巧思變化，
每一個包包都是如此的難以取代。

p.191
做法

Pleats Tote Bag
萬用手提袋

89

p.192
做法

Pleats Feminine Bag
縮褶淑女包

蕾絲是能襯托出
女性柔美氣質的元素之一，
上方的包包看起來較中性，
但下方包包加了一條蕾絲，
是不是女性化不少呢？

p.192
做法

Lace Feminine Bag
蕾絲淑女包

可手提

p.194 做法

Puff Bag
泡芙包

也可以肩背

也可以使用合成皮啊！

皮革製的包包質感極佳，
各種場合都適用，
介紹給喜愛皮革包的人，必備！！

Two-way Tote Bag
兩用印花包

兩用印花包，
變小的時候可以手提，
也可以將袋身拉長後肩背。

p.193
做法

整個包包伸展開的樣子

Denim Check Bag
丹寧格紋袋

p.207
做法

咖啡與湛藍的層次搭配，
讓配色更加沉穩，
是一款不退流行的樸素包款。

Two-way Denim Bag
兩用丹寧包

p.200
做法

歷久不衰的丹寧布料，
不僅讓作品耐用不破，
而且更添青春活力，
是年輕人的最愛。

p.201 做法

Two-way Alphabet
Tote Bag
字母兩用袋

字母印花布料與
藍色丹寧布的撞色搭配，
加上可背可提的提把設計，
上學上班都實用。

這個可愛化妝包是
女性手提包的迷你版，
多了提把和口金框開口，
拿取東西再方便不過，
外型也討喜。

口金框開口

p.202
做法

Frame Makeup Handbag
提把化妝包

Frame Makeup Bag
口金化妝包

p.203
做法

粉紅色系的玫瑰與
點點布料一直深受女性的歡迎，
開口改成口金框式，
是不是可以放入更多的東西了呢？

立體包款裝更多

Lace Flower Bag
蕾絲花包

可以放筆、
收納長條狀化妝品和各式小物，
不愧是每個人都擁有的萬用包款。

p.206
做法

M Design Frame Bag
M型口金包

p.204
做法

在 M 型口金框上鉤好金屬長鍊，
手拿包立刻變身外出背包。
夢幻浪漫的色彩搭配，
深獲女性的好評。

Frame Clutch Bag
珠釦口金包

p.205
做法

銀與古銅色的
圓球狀口金開關、口金框，
除了實際的用途外，
更具有裝飾的功能。

Chain Shoulder Frame Bag
肩背口金包

p.205
做法

Cambridge Satchel Bag
夢幻英倫包

p.210 做法

夢幻英倫包的背帶，
可以變成後背肩帶，
當作後背包使用。
你可以視心情或服飾來搭配用法，
變化不同風貌。

變身後背包

Satchel School Bag
英倫書包

p.214
做法

我可以裝很多東西

這是一款可以放入許多書本和
文具的休閒風格書包，
在時下一片名牌皮革包中，
更能突顯青春洋溢的魅力。

Lace Circular Bag
蕾絲蛋糕包

p.217 做法

不管是
日系風藍綠格紋，
或者美式點點圖案，
兩者都是手作族心中
歷久不衰的經典不敗包款。

Leather Band Bag
皮提把蛋糕包

p.217 做法

Bucket Shoulder Bag
斜肩水桶包

p.213
做法

可以選購較堅固耐用的布料，
例如帆布或印花厚布來製作，
更能延長水桶包的使用壽命。

Dots Tote Bag
圓點托特包

p.203
做法

大圓點花紋更顯活潑，
配上紅色的底布更不退流行，
一年四季都適用。

Travel Pouch
旅行收納袋

p.220
做法

明年夏天，
就帶著這兩個印花包包，
來趟島國的陽光假期之旅吧！

Zipper Pouch
拉鍊收納袋

p.221
做法

用難易程度區分，你適合哪一個？

適合縫紉初學者 ✦

115 口袋小提包
115 隨手小提袋
115 萬用小提袋
122 文青手提袋
123 口袋大提包

適合有經驗者 ✦✦

110 粉紅格子袋
110 碎花提袋
112 橢圓書袋
113 可頌斜背包
114 扇型手提袋
129 帆布束口袋
133 褶子肩背包

適合縫紉高手 ✦✦✦

111 肩背行李包
116 肩背方書包
117 長形骰子包
113 褶子口金提包
119 花花口金提包
120 格子單肩包
121 貓貓外出袋
124 波士頓包
125 肩背兩用包
126 芥黃貝殼包
127 藏青貝殼包
123 帆布後背包
130 兩用旅行袋
132 方巾提包

用完成時間區分，你想做哪一個？

半天就能完成

110 粉紅格子袋
110 碎花提袋
112 橢圓書袋
114 扇型手提袋
115 口袋小提包
115 隨手小提袋
115 萬用小提袋
122 文青手提袋
123 口袋大提包

一天可以做好

113 可頌斜背包
116 肩背方書包
129 帆布束口袋
132 方巾提包
133 褶子肩背包

一天以上慢慢來

111 肩背行李包
117 長形骰子包
113 褶子口金提包
113 花花口金提包
120 格子單肩包
121 貓貓外出袋
238 波士頓包
124 肩背兩用包
126 芥黃貝殼包
127 藏青貝殼包
123 帆布後背包
130 兩用旅行袋

Part3
大型包，
隨意搭配布和顏色，
超多用途
Large Bag,
Fabric Mix Color

Pink Plaid Bag
粉紅格子袋

p.222
做法

這兩款包經過適當地摺疊，
可以變成口袋般的大小（參照 p.61），
方便隨身攜帶，
可說是一款功能型好包。

Floral Bag
碎花提袋

p.222
做法

Dumplings Shoulder Bag
肩背行李包

p.241
做法

這款大型包款所需製作時間較長，
而且技巧難度較高，
建議具有縫紉經驗者嘗試為佳。

p.224
做法

Oval Bag
橢圓書袋

橢圓的外型非常少見，
背出去絕對令人印象深刻。

Croissant Shoulder Bag
可頌斜背包

p.139
做法

這個包包只要會製作縮褶就能完成啦！

初學者的話，

購買現成的背帶鉤上即可。

Fan Hangbag
扇型手提袋

p.225
做法

扇型也是比較少見的款式，
你可以選用偏好的材質拼接，
或搭配當季最流行的五金配件、貼布繡，
都會有異想不到的效果。

Small Tote Bag
隨手小提袋

p.227
做法

p.226
做法

Small Tote Bag
口袋小提包

p.223
做法

Small Tote Bag
萬用小提袋

115

這種休閒款的方形郵差包，
可以盛裝不少物品。
調節式的背帶，
可做單肩背、斜肩背多種用途。

Student Messenger Bag
肩背方書包

p.229
做法

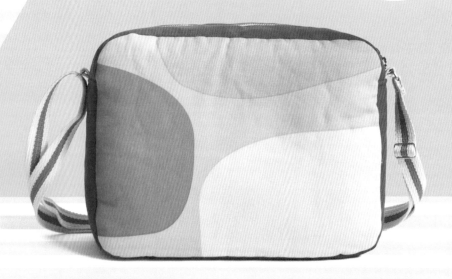

這個容量不小、五彩繽紛的立體骰子包，
背在肩上，令人一整天都擁有好心情。

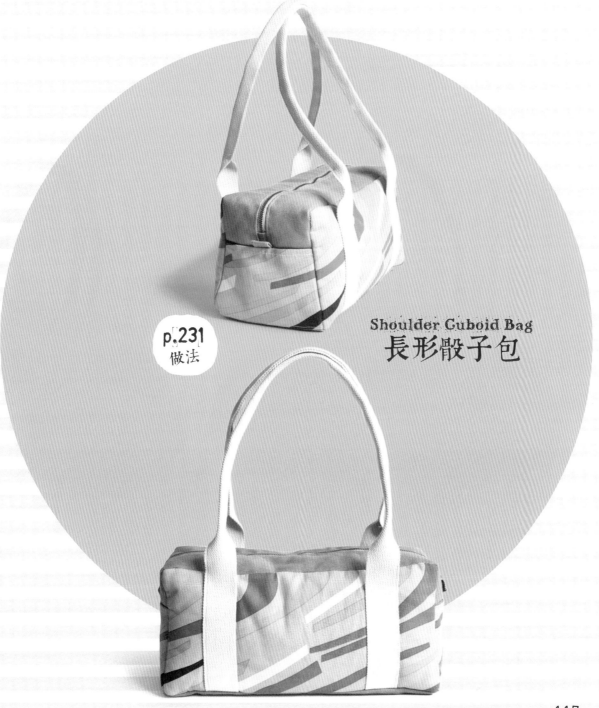

p.231
做法

Shoulder Cuboid Bag
長形骰子包

Pleats Frame Bag
褶子口金提包

p.234
做法

利用大型的口金框做提包開口,
有利於收放、拿取物品。
建議大家學習使用口金框,
會發現妙用無窮。

Floral Block Frame Handbag
花花口金提包

p.236
做法

有別於褶子口金提包的扁長形，
這個碎花提包是六角形。
別看它比較小，
卻可以裝入許多東西！

格子單肩包

在袋口的設計上，
有拉鍊也有帶蓋、轉鈕，
同時運用上較多的技巧，
有縫紉經驗的人可一試。

p.233
做法

Multi-pocket Shoulder Travel bag
多功能旅行包

使用同樣的布料，
一整套也很讚！

p.154
做法

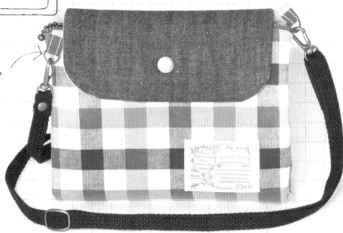

Cat Travel Handbag
貓貓外出袋

是否苦於找不到合適的貓咪外出袋？
不如自己製作吧！製作時，
盡量選擇防水且耐用的布料，
並且搭配可透氣的紗網和堅固的提把，
這樣就不怕愛貓外出時，從袋中逃逸了。

p.242
做法

坐在裡面好舒服呀！

Tote Bag
文青手提袋

p.244 做法

一款充滿學生氣息的手提袋，
底部運用了抓底的設計，使包包有了厚度，
方便盛裝更多書籍，更堅固耐用。

Tote Bag With Pocket
口袋大提包

p.245
做法

這類提包製作上較不需技巧，
頗適合剛入門的縫紉初學者操作。
在提袋外面加縫了一個口袋，
可以放一些小物品，拿取時非常方便。

123

Boston Bag
波士頓包

一般市面上常見到的皮製波士頓包，
裝入物品後包身更重，
常令人提到手痠。
不如將材質改成輕巧且
花樣多變的布料，
這樣手提時便輕巧許多。

p.246
做法

有芽條

加了水桶釘

Shoulder Two-way Bag
肩背兩用包

p.243 做法

正面　　　　　　　　背面

水手條紋與丹寧布料的組合，
是夏季的必備單品包。
在冬天先做好一個，
明年夏天燦爛登場。

Mustard Yellow Bag
芥黃貝殼包

造型簡單的包包，
最適合使用大圖案的布料了！

p.250
做法

不管你喜歡花草系還是幾何風，
挑選一塊讓自己感到開心的布料，
做一個包包送給自己吧！！

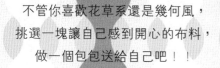

p.250 做法

Canvas Drawstring Back Pack
帆布後背包

p.252
做法

說到每個人都值得擁有一個代表青春活力的包包，

那非後背包莫屬了。

我使用了搶眼熱情的紅色，

你又喜歡什麼顏色呢？

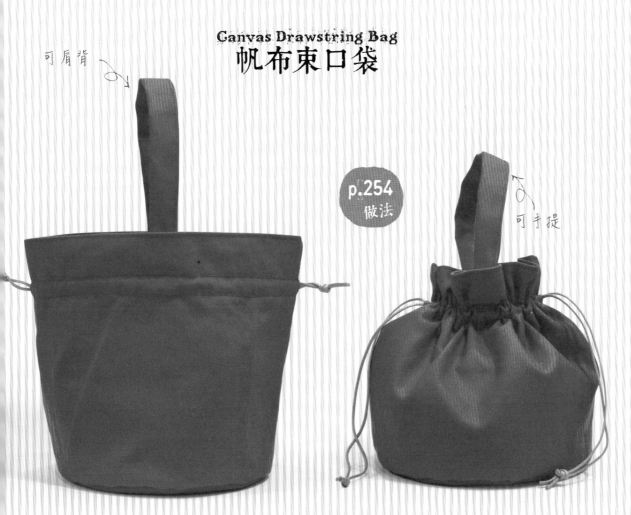

可肩背

Canvas Drawstring Bag
帆布束口袋

p.254 做法

可手提

包身可大可小的束口袋做法並不難，
初學者可以選一塊易縫的棉布，
搭配簡單的技法，
相信不到一天必能完成。

Two-way Duffle Bag
兩用旅行袋

p.256
做法

看到這個旅行袋，馬上就想到豔陽高照的夏威夷。
選用亮眼大朵花的布料，令人心曠神怡。

一塊布，多種變化！

Handkerchief Handbag
方巾提包

p.253 做法

絲巾、方巾也可以用來製作包包喔！
選一塊花樣獨特的布巾，
體驗異材質包包的魅力。

p.259
做法

Pleats Shoulder Bag
褶子肩背包

這款背包除了皺褶處稍微需要留心之外，
做法大致都很簡單，很適合初學者嘗試！
北歐風花紋，令人愛不釋手。

步驟圖解目錄

136 帆布筆袋	175 拉鍊化妝包	210 夢幻英倫包
137 雕花口金包	176 百褶包	214 英倫書包
133 帆布手提書衣	177 帆布拉鍊包	217 蕾絲蛋糕包
139 點點手提書衣	173 側肩雕花鍊包	217 皮提把蛋糕包
140 蝴蝶結零錢包	179 點點水壺袋	213 斜肩水桶包
141 蕾絲口金包	179 蝴蝶結酒袋	220 旅行收納袋
142 迷你蕾絲包	130 手提醫生包	221 拉鍊收納袋
143 拉鍊餐具套	132 紅色條紋包	222 粉紅格子袋
144 蕾絲面紙套	133 文字書包	222 碎花提袋
145 雜貨風面紙套	133 肩背休閒包	224 橢圓書袋
146 幾何圖案面紙套	134 小黑鳥包	225 扇型手提袋
147 格子長夾	136 小橘鳥包	226 口袋小提包
149 花長夾	137 青鳥包	227 隨手小提袋
150 手腕小錢包	133 可頌包	223 萬用小提袋
150 手腕拉鍊小包	139 可頌斜背包	229 肩背方書包
152 拼布風化妝包	190 托特包	231 長形骰子包
152 化妝面紙兩用包	191 褶子手提袋	234 褶子口金提包
154 多功能旅行包	191 萬用手提袋	236 花花口金提包
153 印花小圓包	192 縮褶淑女包	233 格子單肩包
153 蕾絲小圓包	192 蕾絲淑女包	241 肩背行李包
159 蝴蝶結腕包	194 泡芙包	242 貓貓外出袋
160 手腕拉鍊圓包	196 輕便托特包	244 文青手提袋
161 小扁方包	197 印花輕便包	245 口袋大提包
162 半圓肩背包	193 兩用印花包	246 波士頓包
163 半圓包	200 兩用丹寧包	243 肩背兩用包
163 條紋圓包	201 字母兩用袋	250 芥黃貝殼包
164 拉鍊手機包	202 提把化妝包	250 藏青貝殼包
165 手機包	203 口金化妝包	252 帆布後背包
166 金屬釦環方包	204 M 型口金包	254 帆布束口袋
163 金屬釦環圓包	205 珠釦口金包	256 兩用旅行袋
170 口金短夾	205 肩背口金包	253 方巾提包
172 信封包	206 蕾絲花包	259 褶子肩背包
173 立體粽子包	207 丹寧格紋袋	
174 收納拉鍊小包	203 圓點托特包	

Part4
步驟圖解手作教學，
必學製包技法大公開
How To Do,
Methods And Tips
You Must Read

Canvas Pen Case
帆布筆袋

紙型檔名 **no.02**

成品尺寸

整體＊寬 19× 高 6× 厚 6 公分

材　料

厚帆布＊寬 30× 高 30 公分 1 片
銅拉鍊＊長 25 公分 1 條
布標＊寬 2.5× 長 5 公分 1 片

做　法

前置作業：裁剪好所需的布片，按紙型中標示的記號，以粉圖筆等在布料上做摺疊所需的記號，再參照以下步驟操作。

1. 固定拉鍊：將拉鍊分別縫合在袋口的兩邊，做法參照 p.39。

2. 製作拉鍊耳：將兩長邊縫份向反面摺疊，然後縫合。

3. 縫合袋身：布的正面朝內，將拉鍊耳對摺後，和拉鍊兩端的頭、尾對齊「橫向中心線」後直線縫合。

4. 製作厚度：按紙型上標示的「厚度摺線」記號，在兩端抓出立體側邊後縫合即完成。

製作步驟

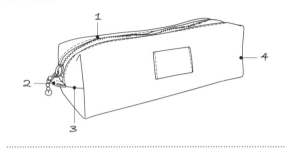

2 製作拉鍊耳

＊袋身開口式拉鍊做法參照 p.39

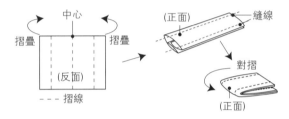

中心
摺疊 摺疊
(反面)
－－－ 摺線

(正面) 縫線
對摺
(正面)

3 縫合袋身

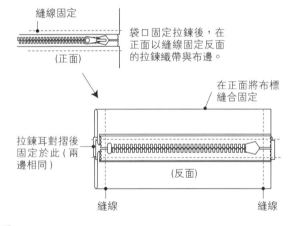

縫線固定
(正面)

袋口固定拉鍊後，在正面以縫線固定反面的拉鍊織帶與布邊。

在正面將布標縫合固定

拉鍊耳對摺後固定於此 (兩邊相同)

(反面)

縫線　　　　縫線

4 製作厚度

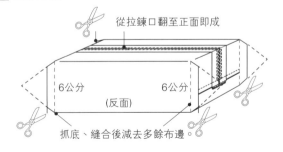

從拉鍊口翻至正面即成

6公分　　　6公分
(反面)

抓底、縫合後減去多餘布邊。

Leather Frame Bag
雕花口金包　　紙型檔名 no.06

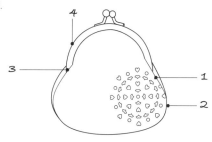

成品尺寸
整體 ＊ 寬 11.5 × 高 11.5 × 厚 1 公分

材　料
合成皮或軟皮 ＊ 寬 30 × 高 15 × 厚約 0.08 公分 1 片
裡布 ＊ 寬 30 × 高 15 公分 1 片
弧形口金框 ＊ 寬 8.5 公分 1 組
南寶樹脂 ＊ 適量
棉繩 ＊ 粗 0.4 × 長 14 公分 2 條

做　法
前置作業：裁剪好所需的皮革，按紙型中標示的記號，利用剪刀工具在皮革上做摺疊和對位記號，再參照以下步驟操作。

1. **軋花型：**按照紙型標示，用「心型」、「花型」、「丸斬」等花斬，在袋身片上鏤刻出花紋，做法參照 p.22。

2. **製作裡、外袋：**分別將兩片外布、兩片裡布正面相對，按紙型所標示的「袋身」位置，從反面縫合成袋，裡布袋身要留返口。

3. **組合裡、外袋身：**外袋身翻面，正面朝外放入反面朝外的裡袋中，沿紙型標示的「袋口」位置，分別縫合固定，再從裡布留的返口翻到正面。

4. **安裝弧形口金框：**先在口金框軌道裡塗上一層樹脂，塞入袋口與棉繩即成。

小叮嚀
雕花設計是利用皮革或合成皮不鬚邊、不綻線的特性，所以可直接在皮面上軋花型，但如果是用一般布料，就不適合以軋花型方式來製作，關於軋型做法參照 p.22。

製作步驟

2. 製作裡、外袋

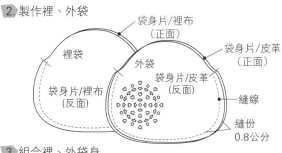

3. 組合裡、外袋身

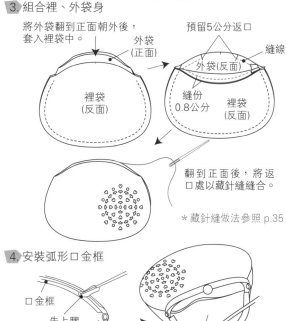

4. 安裝弧形口金框

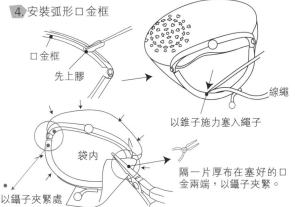

137

Canvas Book Cover
帆布手提書衣 紙型檔名 no.03

成品尺寸

攤開 ✴ 寬 40 × 高 24 公分

對摺 ✴ 寬 19 × 高 24 × 厚 2 公分

提把 ✴ 總長 24 公分

書籍尺寸 ✴ 19×23.5 公分，書背厚度 2 公分以内

材　料

厚帆布 ✴ 寬 110 × 高 30 公分 1 片

裡布 ✴ 寬 57 × 高 30 公分 1 片

固定釦 ✴ 直徑 0.8 公分 2 條

布標 ✴ 寬 2.5 × 長 9 公分 1 片

做　法

前置作業： 裁剪好所需的布片，按紙型中標示的記號，以粉圖筆等在布料上做摺疊所需的記號，再參照以下步驟操作。

1. 製作提把： 參照 p.28 製作提把，按紙型上的「提把位置」，將提把固定在袋身片外布的兩端。

2. 製作口袋、縫合布標： 在口袋片上縫合布標，反面將袋口縫份反摺兩次並縫合，其餘三邊縫份摺向反面，熨燙固定，按紙型位置，將口袋片和袋身片外布縫合，並在袋口兩邊安裝固定釦（參照 p.26）。

3. 縫合裡、外布： 將袋身片外布和裡布正面相對，沿四邊縫合固定，要預留返口且避免縫到凸出的提把。

4. 以藏針縫收尾： 從返口將袋身翻到正面，以熨斗熨燙，再用藏針縫（參照 p.35）縫合返口即完成。

製作步驟

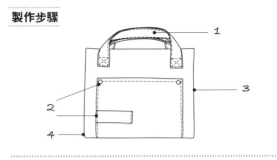

1. 製作提把

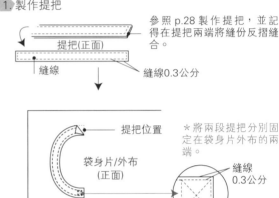

參照 p.28 製作提把，並記得在提把兩端將縫份反摺縫合。

提把(正面)

縫線

縫線 0.3 公分

提把位置

＊將兩段提把分別固定在袋身片外布的兩端。

袋身片/外布(正面)

縫線 0.3 公分

2. 製作口袋與縫合布標

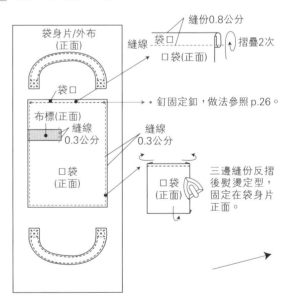

袋身片/外布(正面)

縫份 0.8 公分

縫線　袋口

口袋(正面)

摺疊 2 次

袋口

釘固定釦，做法參照 p.26。

布標(正面)

縫線 0.3 公分

縫線 0.3 公分

口袋(正面)

口袋(正面)

三邊縫份反摺後熨燙定型，固定在袋身片正面。

Dots Book Cover
點點手提書衣 紙型檔名 **no.04**

成品尺寸

攤開 ✳ 寬 37.5 × 高 22.5 公分

對摺 ✳ 寬 15 × 高 22.5 × 厚 2 公分

提把 ✳ 總長 24 公分

書籍尺寸 ✳ 15 × 22 公分，書背厚度 2 公分以內

材　料

外布 ✳ 寬 85 × 高 30 公分 1 片

裡布 ✳ 寬 76 × 高 30 公分 1 片

做　法

前置作業：裁剪好所需的布片，按紙型中標示的記號，以粉圖筆等在布料上做摺疊所需的記號，再參照以下步驟操作。

1. **製作提把**：參照 p.138 做法 **1.**。
2. **製作口袋、縫合布標**：參照 p.138 做法 **2.**。
3. **縫合裡、外布**：參照 p.138 做法 **3.**。
4. **以藏針縫收尾**：參照 p.138 做法 **4.**。

製作步驟

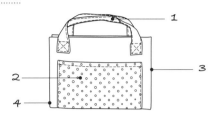

3. 縫合裡外布

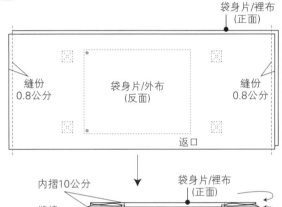

4. 以藏針縫收尾

＊藏針縫做法參照 p.35

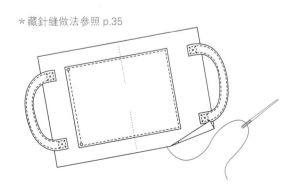

小叮嚀

在製作這兩款書衣時，得留意縫線和邊緣的距離，維持距離邊緣約 0.3 ~ 0.4 公分的縫線，成品比較美觀。有時候縫線除了縫合、固定布片的功能之外，還兼具視覺的裝飾，因此線的顏色、粗細都很重要。

Butterfly Coin Purse
蝴蝶結零錢包　紙型檔名 no.07

製作步驟

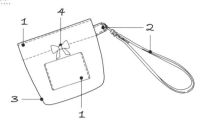

成品尺寸

整體 ＊ 寬 11 × 高 9 × 厚 3.5 公分

腕帶 ＊ 總長 23 公分

材　　料

防水布 ＊ 寬 30 × 高 30 公分 1 片

裝飾用布標 ＊ 寬 6 × 高 4 公分 1 片

夾片口金框 ＊ 寬 9 公分 1 組

問號鉤 ＊ 寬 1 公分 1 組

D 型環 ＊ 直徑 1 公分 1 組

固定釦 ＊ 直徑 0.6 公分 1 組

蝴蝶結五金配件 ＊ 1 組

做　　法

前置作業：裁剪好所需的布片，按紙型中標示的記號，利用剪刀工具在布料上做摺疊和對位記號，再參照以下步驟操作。

1. **縫合袋口與布標**：按紙型上「袋口摺線」處，正面朝外，將袋口往內摺，以直線縫合固定，另一端做法相同，將布標固定在袋身正面。

2. **製作 D 環耳、腕帶**：將 D 環耳布片正面朝外，向內摺四等份後，以直線縫合固定，並固定在袋口側。布腕帶做法參照 p.31。

3. **縫合袋身**：將袋身片正面朝內對摺縫合兩邊，從袋口翻到正面，裝入口金框。

4. **縫上裝飾配件**：在袋口處縫上金屬蝴蝶結配件，並在 D 環耳鉤上腕帶即完成。

1. 縫合袋口與布標

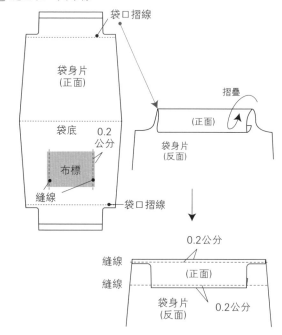

2. 製作 D 環耳以及腕帶

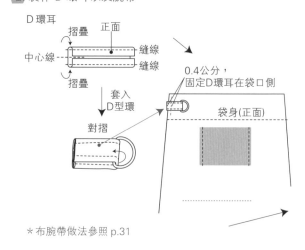

＊布腕帶做法參照 p.31

蕾絲口金包

紙型檔名 **no.**03

製作步驟

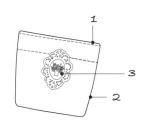

成品尺寸

整體 ＊ 寬 11× 高 9× 厚 3.5 公分

材　料

防水布 ＊ 寬 15× 高 30 公分 1 片

橢圓形蕾絲繡片 ＊ 尺寸適中 1 片

夾片口金框 ＊ 寬 9 公分 1 組

造型壓釦 ＊ 尺寸適中 1 組

做　法

前置作業：裁剪好所需的布片，按紙型中標示的記號，利用剪刀工具在布料上做摺疊和對位記號，再參照以下步驟操作。

1. **縫合袋口**：參照 p.140 做法 **1.**。
2. **縫合袋身**：參照 p.141 做法 **3.**。
3. **縫上裝飾配件**：在袋身縫上橢圓形蕾絲繡片即完成。

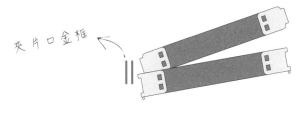

夾片口金框

---

3. 組合袋身

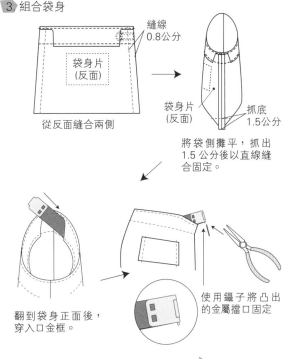

縫線
0.8公分

袋身片
（反面）

從反面縫合兩側

袋身片
（反面）

抓底
1.5公分

將袋側攤平，抓出 1.5 公分後以直線縫合固定。

翻到袋身正面後，穿入口金框。

使用鑷子將凸出的金屬擋口固定

4. 縫上裝飾配件

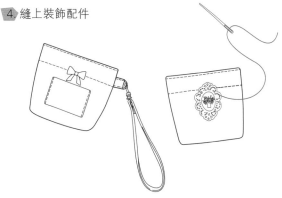

小叮嚀

這兩款以及 p.142 紙型在布邊縫份處沒有設計收邊的縫份，因此以皮革或合成皮等不會鬚邊、綻線的材質為佳。但若一定要使用布料製作，可挑選防水布這類有做過處理的布料，或者自行將紙型「夾片口金套入口」縫份多加0.8公分。

Lace Coin Bag
迷你蕾絲包　　紙型檔名 no.05

製作步驟

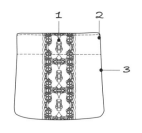

成品尺寸

整體＊寬 11 × 高 10 × 厚 1.5 公分

材　　料

合成皮或軟皮革＊寬 15 × 高 30 × 厚約 0.08 公分 1 片

夾片口金框＊寬 9 公分 1 組

蕾絲織帶＊寬約 4 × 長 30 公分 1 條

做　　法

前置作業： 裁剪好所需的皮革，按紙型中標示的記號，利用剪刀工具在皮革上做摺疊和對位記號，再參照以下步驟操作。

1. 固定蕾絲織帶： 合成皮或真皮不利於粉圖筆等做記號，因此可在兩端的縫份上，以芽口（參照 p.260）標示蕾絲織帶的固定位置，然後以直線從蕾絲織帶的邊緣縫合固定。

2. 縫合袋口： 按紙型上「袋口摺線」處，正面朝外，將袋口往內摺，以直線縫合固定，另一端做法相同。

3. 縫合袋身： 將袋身片正面朝內對摺，以直線縫合兩邊，從袋口翻到正面，裝入夾片口金框（參照 p.141）即完成。

1. 固定蕾絲織帶

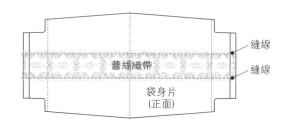

2. 縫合袋口

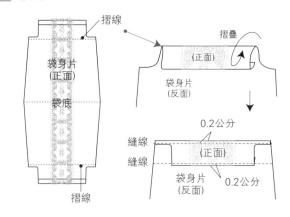

3 縫合袋身

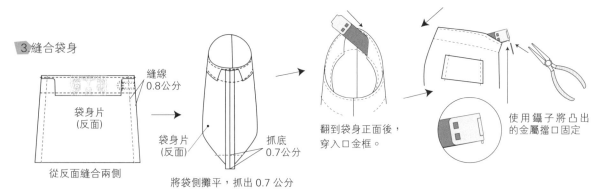

Zipper Tableware Case
拉鍊餐具套　紙型檔名 no.09

製作步驟

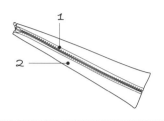

成品尺寸

整體 ✽ 寬 6 × 高 25.5 公分

材　　料

防水布 ✽ 寬 15 × 高 30 公分 1 片
銅拉鍊 ✽ 長 25 公分 1 條

做　　法

前置作業：裁剪好所需的布片，按紙型中標示的記號，利用剪刀工具在布料上做摺疊和對位記號，再參照以下步驟操作。

1. **固定拉鍊：**將拉鍊分別縫合在兩邊袋口處。

2. **完成袋身：**分別從反面將袋頂、袋底縫合固定，再從袋口翻到正面即完成。

1. 固定拉鍊

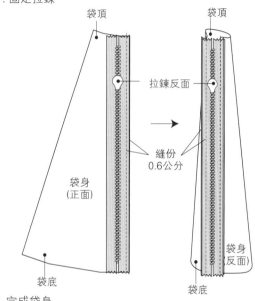

2. 完成袋身

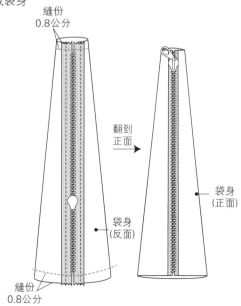

小叮嚀

防水布是在原本的布料纖維上再壓一層透明塑膠布，形成防水的材質。由於這一道工序，讓原本容易鬚邊、綻線的布邊更加補強，用來製作包包再適合不過了。

Lace Tissue Case
蕾絲面紙套 紙型檔名 **no.10**

成品尺寸

整體 ＊ 寬 8.5 × 高 14.5 × 厚 1.5 公分

材　料

棉布 ＊ 寬 15 × 高 24.5 公分 1 片

蕾絲織帶 ＊ 寬 1.5 × 長 11.5 公分 2 條
　　　　　　寬 1.5 × 長 14 公分 1 條

做　法

前置作業：裁剪好所需的布片，按紙型中標示的記號，以粉圖筆等在布料上做摺疊所需的記號，再參照以下步驟操作。

1. 縫合袋口的蕾絲織帶：在袋身片正面的左袋口處，蕾絲正面朝布片正面，距離縫份約 0.8 公分邊緣，以直線縫合固定，再用熨斗從布片正面熨燙，在縫有蕾絲的布邊約 0.1 公分邊緣，以直線縫合固定摺疊的布和蕾絲。

2. 熨燙、摺疊袋身片：按紙型標示，從袋身片正面，以熨斗輔助，摺出袋側的厚度。

3. 完成袋身：翻到背面，將剩下的兩條 11.5 公分的蕾絲織帶，分別縫合固定在袋身片「上、下」兩端，然後翻到正面熨燙即完成。

小叮嚀

這個面紙套因為少了內裡的縫製，做法比較簡單且能迅速完成，但得注意挑選布料時，以邊緣不易脫線、鬚邊的布料為佳。

製作步驟

1. 縫合袋口蕾絲織帶

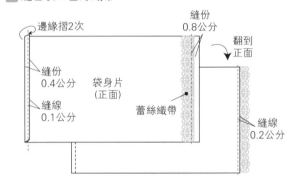

邊緣摺2次

縫份 0.8公分

翻到正面

縫份 0.4公分

袋身片（正面）

蕾絲織帶

縫線 0.1公分

縫線 0.2公分

2. 熨燙、摺疊袋身片

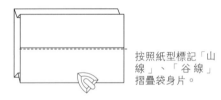

按照紙型標記「山線」、「谷線」摺疊袋身片。

3. 完成袋身

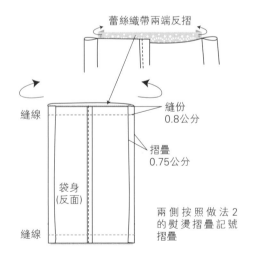

蕾絲織帶兩端反摺

縫線

縫份 0.8公分

摺疊 0.75公分

袋身（反面）

縫線

兩側按照做法 2 的熨燙摺疊記號摺疊

Zakka Tissue Case
雜貨風面紙套 　紙型檔名 no.11

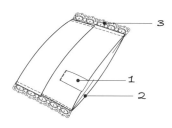

成品尺寸

整體＊寬 8.5× 高 15× 厚 1.5 公分

材　　料

外布＊寬 15× 高 24.5 公分 1 片
裡布＊寬 15× 高 24.5 公分 1 片
蕾絲織帶＊寬 1.5× 長 11.5 公分 2 條
布標＊寬 1.5× 長 5 公分 1 條

做　　法

前置作業：裁剪好所需的布片，按紙型中標示的記號，以粉圖筆等在布料上做摺疊所需的記號，再參照以下步驟操作。

1. 縫合裡、外袋身片：將布標、蕾絲織帶縫在外布上，再將外布和裡布正面相對，沿布邊緣縫份 0.6 公分，以直線縫合固定，同時預留返口。

2. 熨燙、摺疊袋身：從返口將袋身片翻到正面，按紙型標示，從袋身片正面，以熨斗輔助，小心摺出袋側的厚度。

3. 完成袋身：將熨燙、摺疊後的袋身片上、下兩端，在距離縫份邊緣約 0.2 公分處，以直線縫合固定兩端袋身，縫合時返口也要一起固定，然後熨燙即完成。

小叮嚀

這個雜貨風面紙套可說是 p.144 蕾絲面紙套的進階版。多了內裡的設計，遮掉縫份布邊，對初學者來說，雖然難度稍微提升，但成品更加精緻。

---

1. 縫合裡、外袋身片

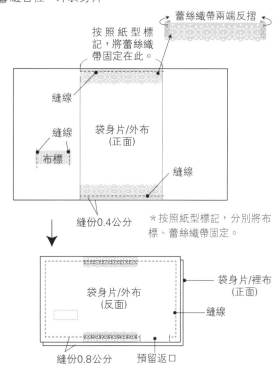

蕾絲織帶兩端反摺
按照紙型標記，將蕾絲織帶固定在此。
縫線
縫線
布標
袋身片/外布（正面）
縫線
縫份0.4公分
＊按照紙型標記，分別將布標、蕾絲織帶固定。

袋身片/外布（反面）
袋身片/裡布（正面）
縫線
縫份0.8公分　　預留返口

2. 熨燙、摺疊袋身

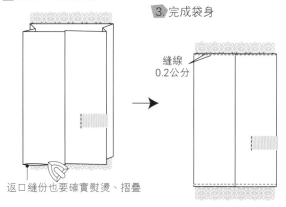

返口縫份也要確實熨燙、摺疊

3. 完成袋身

縫線 0.2公分

Geometry Tissue Case
幾何圖案面紙套 紙型檔名 no.12

製作步驟

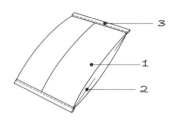

成品尺寸

整體 ＊ 寬 8.5 × 高 14 × 厚 1.5 公分

材　　料

外布 ＊ 寬 15 × 高 24.5 公分 1 片
裡布 ＊ 寬 19 × 高 24.5 公分 1 片

做　　法

前置作業：裁剪好所需的布片，按紙型中標示的記號，以粉圖筆等在布料上做摺疊所需的記號，再參照以下步驟操作。

1. 縫合裡、外袋身片：將外布和裡布正面相對，在左、右袋口距離縫份 0.8 公分邊緣，從反面以直線縫合固定後，從上、下任一邊翻回正面。

2. 熨燙、摺疊袋身：按紙型標示，從袋身片正面，以熨斗輔助，摺出袋側的厚度。

3. 完成袋身：將熨燙成型的袋身，在上、下布邊縫上包邊布條即完成。

1. 縫合裡、外袋身片

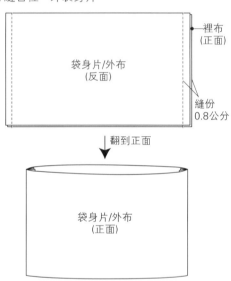

裡布（正面）

袋身片/外布（反面）

縫份 0.8公分

翻到正面

袋身片/外布（正面）

2. 熨燙、摺疊袋身

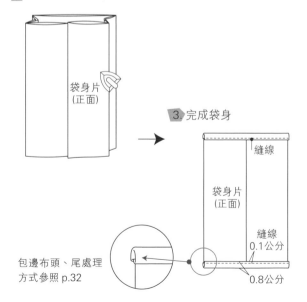

袋身片（正面）

3. 完成袋身

縫線

袋身片（正面）

縫線 0.1公分

0.8公分

包邊布頭、尾處理方式參照 p.32

Plaid Long Wallet
格子長夾　　　紙型檔名 **no.13**

成品尺寸

整體 ＊ 寬 19.5 × 高 10 × 厚 2.5 公分

材　　料

外布 ＊ 寬 45 × 高 30 公分 1 片

裡布 ＊ 寬 110 × 高 45 公分 1 片

薄夾棉 ＊ 寬 20 × 高 28 公分 1 片

硬布襯 ＊ 寬 68 × 高 20 公分 1 片

皮革 ＊ 寬 11.5 × 高 2.2 × 厚 0.18 公分 1 片

手縫式磁釦 ＊ 直徑約 1 公分 1 組

固定釦 ＊ 直徑 0.6 公分 10 組

一般拉鍊 ＊ 長 18 公分 1 條

做　　法

前置作業：裁剪好所需的布片，按紙型中標示的記號，以粉圖筆等在布料上做摺疊所需的記號，再參照以下步驟操作。

1. **熨燙所有夾棉、布襯：**按紙型標示，在袋身片外布背面貼薄夾棉，裡布貼硬布襯，拉鍊口袋貼硬布襯（參照 p.37）。

2. **製作袋身：**將外布和裡布正面相對，再從反面距離邊緣 0.8 公分處，縫合固定布片，並在袋口處留返口。

3. **熨燙、摺疊袋身：**將袋身從返口翻到正面，按「山線、谷線」的記號，熨燙、摺疊兩側布片。

4. **製作拉鍊口袋：**以「底部」為中心，按「山線、谷線」的記號熨燙、摺疊，再於背面貼上硬布襯（參照 p.37）並縫合左右兩「側邊」，翻回正面，於袋口處以包邊布條包邊，修飾袋口。

5. **製作卡片夾層：**貼好硬布襯後，以「底部」為中心，將卡片夾層布片正面朝內，縫合左右兩「側邊」，翻回正面，於袋口處以包邊布條包邊，修飾袋口。

製作步驟

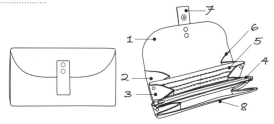

6. **袋身成型：**按紙型標示，使用固定釦（參照 p.26）固定卡片夾層和拉鍊口袋。

7. **安裝皮革釦耳、磁釦：**按紙型標示，先以固定釦將皮革釦耳固定在袋蓋，參照 p.22 將手縫磁釦公片固定在釦耳內層，調整袋身外型，蓋上袋蓋，丈量公釦圓心落在袋身的正式位置，將預先安裝在磁釦座的母釦，透過返口縫合於袋身外片。

8. **以藏針縫縫合返口：**確認磁釦都安裝完畢，用藏針縫（參照 p.35）縫合返口即完成。

2. 製作袋身

袋身片

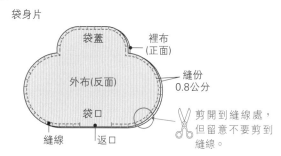

袋蓋

裡布（正面）

外布(反面)

縫份 0.8公分

袋口

縫線

返口

剪開到縫線處，但留意不要剪到縫線。

3. 熨燙、摺疊袋身

袋身片

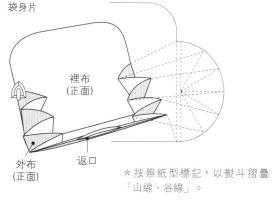

裡布（正面）

外布（正面）

返口

＊按照紙型標記，以熨斗摺疊「山線、谷線」。

147

4. 製作拉鍊口袋

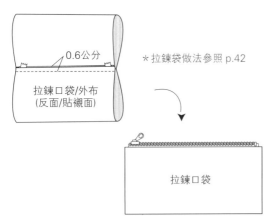

0.6公分

拉鍊口袋/外布
(反面/貼襯面)

＊拉鍊袋做法參照 p.42

拉鍊口袋

5. 製作卡片夾層

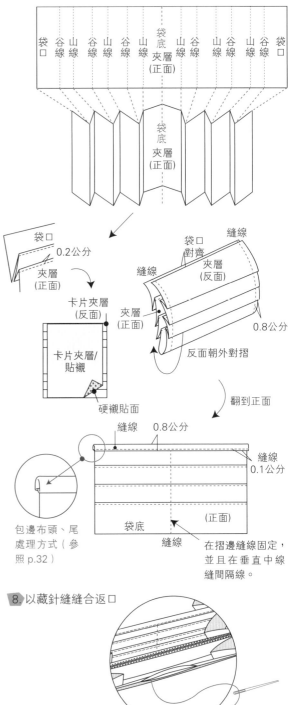

袋口 谷線 山線 谷線 山線 谷線 山線 袋底夾層(正面) 山線 谷線 山線 谷線 山線 谷線 袋口

袋底夾層(正面)

袋口 0.2公分

夾層(正面)

卡片夾層(反面)

卡片夾層/貼襯

硬襯貼面

縫線

袋口對齊

縫線

夾層(反面)

夾層(正面)

0.8公分

反面朝外對摺

翻到正面

縫線 0.8公分

縫線
0.1公分

(正面)

袋底

縫線

包邊布頭、尾處理方式（參照 p.32）

在摺邊縫線固定，並且在垂直中線縫間隔線。

6. 袋身成型

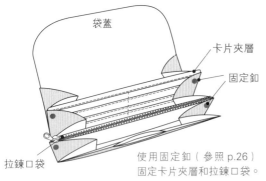

袋蓋

卡片夾層

固定釦

拉鍊口袋

使用固定釦（參照 p.26）固定卡片夾層和拉鍊口袋。

7. 安裝皮革釦耳、磁釦

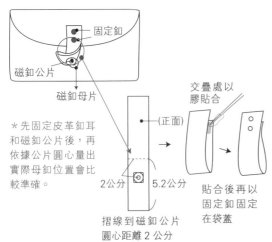

固定釦

磁釦公片

磁釦母片

＊先固定皮革釦耳和磁釦公片後，再依據公片圓心量出實際母釦位置會比較準確。

(正面)

2公分 5.2公分

摺線到磁釦公片圓心距離 2 公分

交疊處以膠貼合

貼合後再以固定釦固定在袋蓋

8. 以藏針縫縫合返口

藏針縫（參照 p.35）縫合返口

Floral Long Wallet
花長夾

紙型檔名 **no.14**

成品尺寸

整體 ✽ 寬 19.5 × 高 10 × 厚 2.5 公分

材　料

外布 ✽ 寬 42 × 高 30 公分 1 片

裡布 ✽ 寬 110 × 高 45 公分 1 片

薄夾棉 ✽ 寬 40 × 高 38 公分 1 片

薄貼襯 ✽ 寬 20 × 高 19 公分 1 片

硬貼襯 ✽ 寬 40 × 高 28 公分 1 片

手縫磁釦 ✽ 直徑約 1.5 公分 1 組

固定釦 ✽ 直徑 0.6 公分 1 組

一般拉鍊 ✽ 長 18 公分 1 條

厚牛皮 ✽ 寬 10 × 高 1.2 × 厚 0.18 公分 1 片

做　法

前置作業：裁剪好所需的布片，按紙型中標示的記號，以粉圖筆等在布料上做摺疊所需的記號，再參照以下步驟操作。

1. 製作袋身：參照 p.147 ~ 148 做法 **1.** ~ **5.**。

2. 袋身成型：按紙型標示，以直線縫合，從兩側固定卡片夾層和拉鍊口袋。

3. 安裝皮革釦耳和磁釦：按紙型標示，先以固定釦將皮革釦耳固定在袋蓋後，將磁釦公片固定，縫在袋蓋內側，調整袋身外型，蓋上袋蓋，丈量公釦圓心落在袋身的正式位置後，透過返口在袋身外片上縫合、安裝母釦。

4. 以藏針縫縫合返口：確認磁釦都安裝完畢，用藏針縫（參照 p.35）縫合返口即完成。

製作步驟

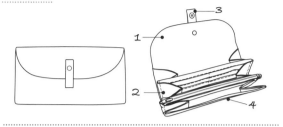

2. 袋身成型

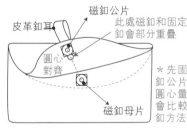

袋蓋

卡片夾層

拉鍊口袋

縫線

返口　縫線的起頭、結尾，務必以迴針縫固定，防止脫線。

3. 安裝皮革釦耳、磁釦

磁釦公片

皮革釦耳

此處磁釦和固定釦會部分重疊

圓心對齊

磁釦母片

＊先固定皮革釦耳和磁釦公片後，再依據公片圓心量出實際母釦位置會比較準確，使用固定釦方法參照 p.26。

皮革釦耳

（正面）

＊皮革釦耳、磁釦位置參考紙型標記在作品實際位置上，測量後安裝。

對摺 →

交疊處以膠貼合

（正面）

貼合後再以固定釦固定在袋蓋

4. 以藏針縫縫合返口

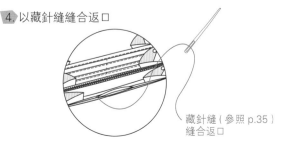

藏針縫（參照 p.35）縫合返口

Small Wristlet Bag
手腕小錢包
紙型檔名 **no.15**

Zipper Wristlet Bag
手腕拉鍊小包
紙型檔名 **no.16**

製作步驟

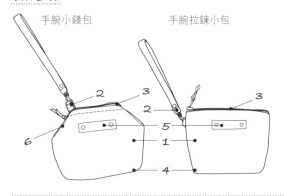

手腕小錢包　　　　手腕拉鍊小包

成品尺寸
整體＊寬 16× 高 11.5× 厚 7.5 公分
腕帶＊總長 23 公分

材　　料
外布＊寬 25× 高 30 公分 1 片
裡布＊寬 23× 高 30 公分 1 片
薄夾棉＊寬 22× 高 30 公分 1 片
支架口金框＊寬 10 公分 1 對
一般拉鍊＊18 公分 1 條
牛皮＊寬 1× 長 30× 厚 0.2 公分 1 條
　　　寬 1.5× 長 6× 厚 0.2 公分 1 片
固定釦＊直徑 0.6 公分 3 組
D 型環＊寬 1 公分 1 組
問號鉤＊寬 1 公分 1 組
＊手腕拉鍊小包材料省略「支架口金框」，其餘相同。

做　　法
前置作業：裁剪好所需的布片，按紙型中標示的記號，以粉圖筆等在布料上做摺疊所需的記號，再參照以下步驟操作。

1. **熨燙所有夾棉、布襯：**按紙型標示，在袋身片外布背面貼上薄夾棉（參照 p.36）。
2. **製作 D 環耳與皮革腕帶：**將 D 環耳布片向內摺四等份，直線縫合固定，套入 D 環後對摺，以粗針縫固定在袋身片上的 D 環耳位置。皮腕帶做法參照 p.31。
3. **固定拉鍊：**拉鍊做法參照 p.38 邊緣袋口式拉鍊。

4. **縫合袋身側邊與袋底：**縫合袋身兩側邊與袋底，並在裡布袋口兩側預留 1.5 公分不留縫合，單側留返口。
5. **固定皮標籤：**在袋身正面以固定釦安裝皮標。
6. **安裝支架口金框：**在距離袋口邊緣 1.5 公分處，繞著袋口縫出一道直線，從袋身左右兩端預留的入口導入口金框後，用藏針縫（參照 p.35）封住入口且縫合返口，鉤上腕帶即完成（如果覺得拉鍊頭稍嫌單調，可以綁一塊較薄的皮繩作為點綴）。

＊手腕拉鍊小包的 D 型環耳位置移至袋側（按照紙型標記），並省略關於「支架口金框」安裝的工序，其餘做法相同。

2. 製作 D 環耳與皮革腕帶

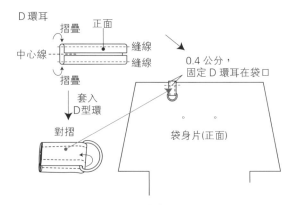

＊皮腕帶做法參照 p.31

3. 固定拉鍊

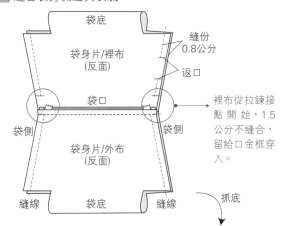

袋底

袋身片/裡布
(反面)

0.6公分

袋側   袋側

拉鍊

縫線

袋口

袋身片/外布
(反面)

＊拉鍊袋做法參照
p.42

袋底

4. 縫合袋身側邊與袋底

袋底

縫份
0.8公分

返口

袋身片/裡布
(反面)

袋口

袋側   袋口   袋側

袋身片/外布
(反面)

裡布從拉鍊接
點開始，1.5
公分不縫合，
留給口金框穿
入。

縫線   袋底   縫線

抓底

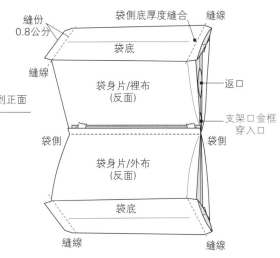

縫份
0.8公分

縫線

袋側底厚度縫合   縫線

袋底

縫線

袋身片/裡布
(反面)

返口

翻到正面

袋口

袋側

支架口金框
穿入口

袋身片/外布
(反面)

袋底

縫線   袋側   縫線

5. 固定皮標

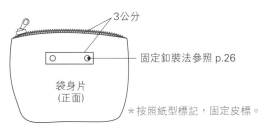

3公分

固定釦裝法參照 p.26

袋身片
(正面)

＊按照紙型標記，固定皮標。

6. 安裝支架口金框

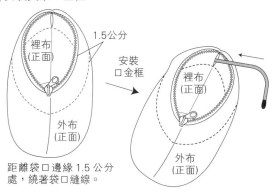

1.5公分

裡布
(正面)

安裝
口金框

裡布
(正面)

外布
(正面)

外布
(正面)

距離袋口邊緣 1.5 公分
處，繞著袋口縫線。

支架口金框

用藏針縫（參照 p.35）縫
合口金入口、裡袋返口。

在拉鍊頭綁上薄皮繩，
有點綴裝飾效果。

小叮嚀

這兩款小包都使用固定釦作為裝飾。為了預防
袋身外布片太薄，不易裝訂固定釦，所以會在
袋身成型後連同裡布一起裝訂固定釦，假若使
用的是較厚、較堅挺的布料，可以在剛開始燙
完薄夾棉後，就安裝固定釦。

Patchwork Cosmetic Bag
拼布風化妝包　紙型檔名 no.17

Cosmetic and Tissue Two-way Bag
化妝面紙兩用包　紙型檔名 no.13

成品尺寸

整體＊寬 13× 高 11.5 公分

材　　料

外 A 布＊寬 15.5× 高 14 公分 1 片
外 B 布＊寬 15.5× 高 25.5 公分 1 片
裡布＊寬 31× 高 24 公分 1 片
線繩＊粗約 0.3× 長 6 公分 1 條
一般拉鍊＊長 13 公分 1 條
塑膠棉花＊適量
布標＊寬 5.5× 長 2.5 公分 1 片
＊化妝面紙兩用包材料除了省去線繩與塑膠棉花，其餘相同。
外 B 布＊寬 15.5× 高 23.5 公分 1 片
D 型環＊寬 1 公分 1 組

做　　法

前置作業：裁剪好所需的布片，按紙型中標示的記號，以粉圖筆等在布料上做摺疊所需的記號，再參照以下步驟操作。

1. 製作上袋身：外 A 布正面朝外，對摺後，距離摺邊 0.2 公分處縫一道線固定。

2. 製作下袋身：在袋身片外 B 布上縫好布標，裡、外片正面相對，以直線縫合固定「面紙袋口」邊，翻到正面對摺，距離摺邊 0.2 公分處再縫一道線固定。

3. 固定拉鍊：將各部位重疊對齊，以正面相對、從反面的方式固定拉鍊（參照 p.38 邊緣袋口式拉鍊）。

製作步驟

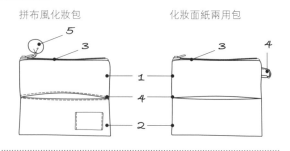

拼布風化妝包　　　　　化妝面紙兩用包

4. 袋身成型：拉鍊固定於袋身後保持在反面的狀態，預留返口，將兩邊以直線縫合，翻到正面熨燙使袋身成形，用藏針縫（參照 p.35）縫合返口。

5. 製作小布球：縮縫後塞入棉花製作小布球，過程中記得塞入 6 公分長且串起拉鍊頭、對摺後的棉繩，化妝小包即完成。

＊化妝面紙兩用包做法除了省略布標的縫合及小布球的製作以外，只需在做法 **4.** 袋身成型的時候，固定預先做好的 D 型環耳即可。

1. 製作上袋身

上袋身（正面）
對齊
對摺
縫線
0.2公分

2. 製作下袋身

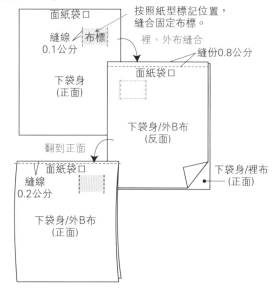

按照紙型標記位置，縫合固定布標。
面紙袋口
縫線 0.1公分　布標
裡、外布縫合
縫份0.8公分
下袋身（正面）
面紙袋口
下袋身/外B布（反面）
翻到正面
面紙袋口
縫線 0.2公分
下袋身/裡布（正面）
下袋身/外B布（正面）

3. 固定拉鍊

依照下圖,將各片重疊、組合對齊。

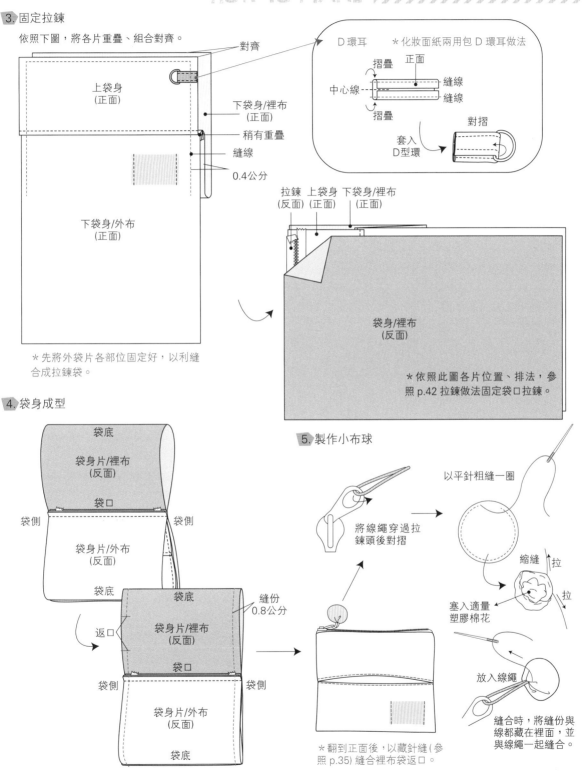

對齊

上袋身
(正面)

下袋身/裡布
(正面)

稍有重疊

縫線

0.4公分

下袋身/外布
(正面)

＊先將外袋片各部位固定好,以利縫
合成拉鍊袋。

D 環耳   ＊化妝面紙兩用包 D 環耳做法

摺疊

正面

中心線

縫線

縫線

摺疊

對摺

套入
D型環

拉鍊 上袋身 下袋身/裡布
(反面) (正面) (正面)

袋身/裡布
(反面)

＊依照此圖各片位置、排法,參
照 p.42 拉鍊做法固定袋口拉鍊。

4. 袋身成型

袋底

袋身片/裡布
(反面)

袋口

袋側   袋側

袋身片/外布
(反面)

袋底

袋底

返口

縫份
0.8公分

袋身片/裡布
(反面)

袋口

袋側   袋側

袋身片/外布
(反面)

袋底

＊翻到正面後,以藏針縫(參
照 p.35) 縫合裡布袋返口。

5. 製作小布球

以平針粗縫一圈

將線繩穿過拉
鍊頭後對摺

縮縫   拉

塞入適量
塑膠棉花   拉

放入線繩

縫合時,將縫份與
線都藏在裡面,並
與線繩一起縫合。

Multi-pocket Shoulder Travel bag
多功能旅行包 紙型檔名 **no.19**

成品尺寸
整體＊寬 18× 高 15.5× 厚 2.5 公分

材　料
外 A 布＊寬 47× 高 32 公分 1 片
外 B 布＊寬 35.5× 高 29 公分 1 片
外 C 布＊寬 47.5× 高 28 公分 1 片
裡布＊寬 110× 高 32.5 公分 1 片
厚布襯＊寬 35× 高 30.5 公分 1 片
薄布襯＊寬 32.5× 高 28 公分 1 片
拼布拉鍊＊長 18 公分 1 條
一般拉鍊＊長 15 公分 1 條
肩背織帶＊粗 1× 長 130 公分 1 條
D 型環＊寬 1 公分 2 組
問號鉤＊寬 1 公分 2 組
日型環＊寬 1 公分 1 組
固定釦＊直徑 0.8 公分 4 組
撞釘磁釦＊適當大小 1 組
布標＊寬 3.5× 長 6.5 公分 1 片

做　法
前置作業：裁剪好所需的布片，按紙型中標示的記號，以粉圖筆等在布料上做摺疊所需的記號，再參照以下步驟操作。可調式背帶做法參照 p.30。

1. 熨燙所有厚薄夾棉：在外袋身片外布、袋蓋片外布的背面貼厚布襯，拉鍊口袋、口袋上片內口袋片各取一片，在背面貼上薄布襯（參照 p.37）。

2. 製作袋蓋與安裝撞釘磁釦：固定撞釘磁釦公片做法參照 p.24。

3. 製作 D 環耳與縫合布標：D 環耳縫合後，套入 D 環對摺，以固定在袋身片上兩端，並將布標縫合在外 A 布。

製作步驟

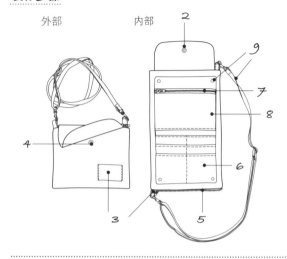

外部　　　　　內部

4. 安裝撞釘磁釦母片：在做法 **3.** 的同一片外 A 布上，安裝磁釦母片，做法參照 p.24。

5. 製作外袋身與固定拉鍊：參照 p.42 拉鍊包縫法。

6. 製作夾層：以熨斗熨燙固定「山線、谷線」後，縫線固定。

7. 製作拉鍊口袋：參照 p.39 袋身開口式拉鍊做法。

8. 製作內口袋片：按照紙型標記，將夾層、拉鍊口袋對齊重疊在內口袋外 B 布單一布片上，分別於「袋口」處將外 B 布與裡布接合，在裡布預留返口翻到正面。

9. 組合外袋身與內口袋：以固定釦固定內口袋於袋身內部，以藏針縫（參照 p.35）縫合所有返口，鉤上背帶即成。

2. 製作袋蓋與安裝撞釘磁釦

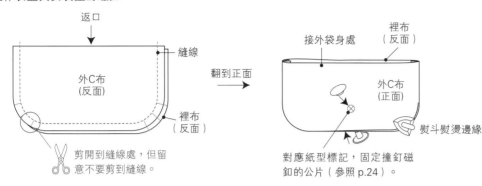

返口

外C布
(反面)

縫線

裡布
(反面)

剪開到縫線處,但留
意不要剪到縫線。

翻到正面 →

接外袋身處

裡布
(反面)

外C布
(正面)

熨斗熨燙邊緣

對應紙型標記,固定撞釘磁
釦的公片(參照 p.24)。

3. 製作 D 環耳與縫合布標

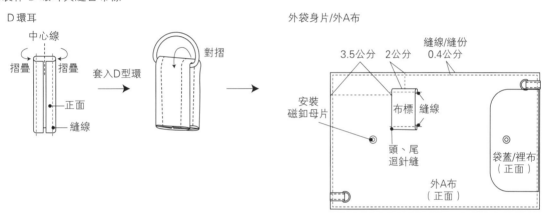

D 環耳

中心線

摺疊 摺疊

正面

縫線

套入D型環 →

對摺

外袋身片/外A布

3.5公分 2公分

縫線/縫份
0.4公分

安裝
磁釦母片

布標 縫線

頭、尾
迴針縫

袋蓋/裡布
(正面)

外A布
(正面)

5. 製作外袋身與固定拉鍊

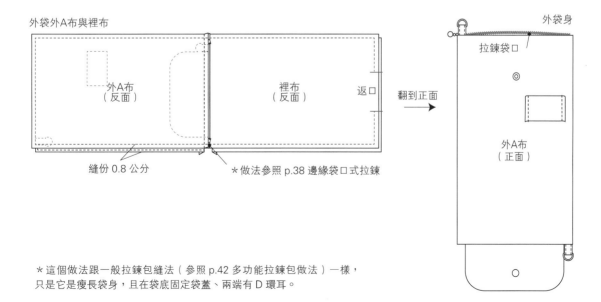

外袋外A布與裡布

外A布
(反面)

裡布
(反面)

返口

縫份 0.8 公分

＊做法參照 p.38 邊緣袋口式拉鍊

翻到正面 →

外袋身

拉鍊袋口

外A布
(正面)

＊這個做法跟一般拉鍊包縫法(參照 p.42 多功能拉鍊包做法)一樣,
只是它是瘦長袋身,且在袋底固定袋蓋、兩端有 D 環耳。

6. 製作夾層

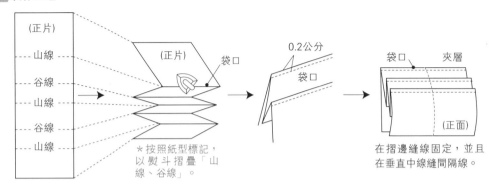

(正片)

- - - 山線 - - -

- - - 谷線 - - -

- - - 山線 - - -

- - - 谷線 - - -

- - - 山線 - - -

(正片)

袋口

＊按照紙型標記，以熨斗摺疊「山線、谷線」。

0.2公分

袋口

袋口　　夾層

(正面)

在摺邊縫線固定，並且在垂直中線縫間隔線。

7. 製作拉鍊口袋

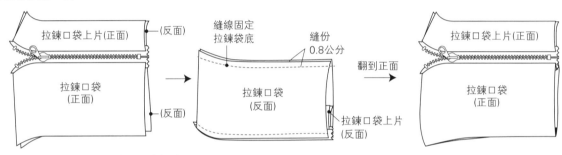

拉鍊口袋上片(正面)

(反面)

拉鍊口袋
(正面)

(反面)

縫線固定
拉鍊袋底

縫份
0.8公分

拉鍊口袋
(反面)

拉鍊口袋上片
(反面)

翻到正面

拉鍊口袋上片(正面)

拉鍊口袋
(正面)

＊拉鍊車縫參照 p.39 袋身開口式拉鍊

8. 製作內口袋片

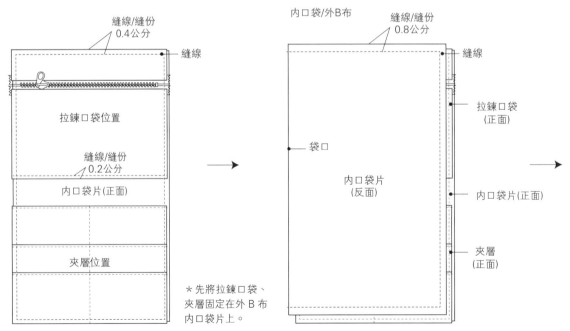

縫線/縫份
0.4公分

縫線

拉鍊口袋位置

縫線/縫份
0.2公分

內口袋片(正面)

夾層位置

＊先將拉鍊口袋、夾層固定在外 B 布內口袋片上。

內口袋/外B布

縫線/縫份
0.8公分

縫線

拉鍊口袋
(正面)

袋口

內口袋片
(反面)

內口袋片(正面)

夾層
(正面)

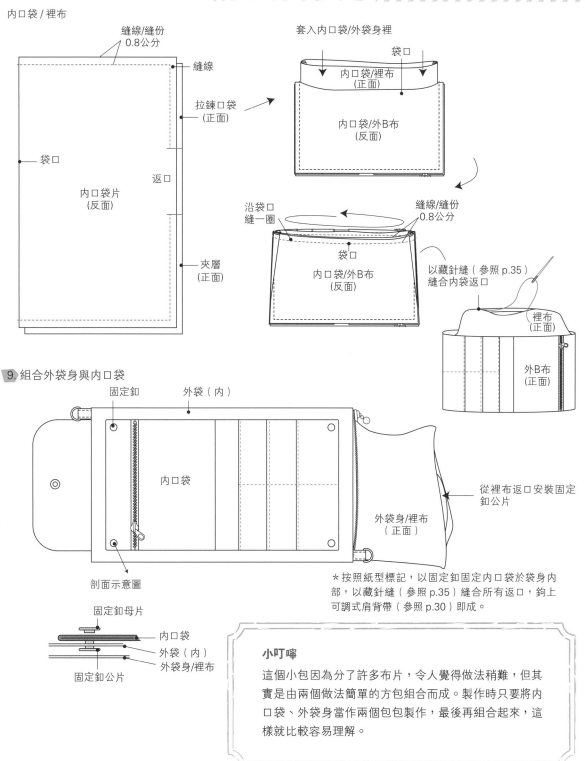

內口袋/裡布

縫線/縫份
0.8公分

縫線

拉鍊口袋
(正面)

袋口

內口袋片
(反面)

返口

夾層
(正面)

套入內口袋/外袋身裡

袋口

內口袋/裡布
(正面)

內口袋/外B布
(反面)

沿袋口
縫一圈

縫線/縫份
0.8公分

袋口

內口袋/外B布
(反面)

以藏針縫（參照p.35）
縫合內袋返口

裡布
(正面)

外B布
(正面)

9. 組合外袋身與內口袋

固定釦　　外袋（內）

內口袋

剖面示意圖

外袋身/裡布
（正面）

從裡布返口安裝固定
釦公片

固定釦母片

內口袋

外袋（內）

外袋身/裡布

固定釦公片

＊按照紙型標記，以固定釦固定內口袋於袋身內
部，以藏針縫（參照 p.35）縫合所有返口，鉤上
可調式肩背帶（參照 p.30）即成。

小叮嚀

這個小包因為分了許多布片，令人覺得做法稍難，但其
實是由兩個做法簡單的方包組合而成。製作時只要將內
口袋、外袋身當作兩個包包製作，最後再組合起來，這
樣就比較容易理解。

Print Circle Bag
印花小圓包

紙型檔名 **no.20**

Lace Circle bag
蕾絲小圓包

紙型檔名 **no.20**

成品尺寸

整體＊寬 17× 高 17.5 公分

腕帶＊總長 23 公分

材　　料

外布＊寬 59× 高 22 公分 1 片

裡布＊寬 59× 高 18 公分 1 片

不織布厚襯＊寬 54× 高 17 公分 1 片

夾片口金框＊寬 9.5 公分 1 組

D 型環＊直徑 1 公分 1 組

問號鉤＊寬 1 公分 1 組

固定釦＊直徑 0.6 公分 1 組

蕾絲小圓包：

蕾絲織帶＊寬 2× 長 50 公分 1 條

做　　法

前置作業： 裁剪好所需的布片，按紙型中標示的記號，以粉圖筆等在布料上做摺疊所需的記號，再參照以下步驟操作。

1. **熨燙所有薄布襯：** 在兩片袋身片外布、袋口外布背面熨貼薄布襯（參照 p.37）。

2. **製作 D 環耳、腕帶：** 縫合 D 環耳布片後，套入 D 環對摺，以粗針縫固定在袋身片的 D 環耳位置。布腕帶做法參照 p.31。

3. **縫合褶子：** 摺疊縫合袋身的褶子，袋側如要裝飾蕾絲織帶，就要預先固定在布邊。

4. **製作袋身：** 縫合袋口和袋身後，將布片縫成袋型，並在裡袋預留返口以及口金框穿入口。

製作步驟

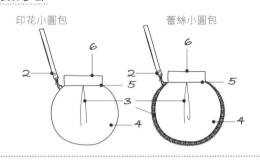

印花小圓包　　　　　　　蕾絲小圓包

5. **在袋口縫線：** 在袋口和袋身接合處縫線，方便之後導入夾片口金框。

6. **安裝夾片口金框：** 從裡袋口預留的口金口安裝口金框，縫合返口，鉤上腕帶即完成。

＊蕾絲小圓包的做法，只須在做法 **3.** 縫合褶子後，縫合固定蕾絲織帶。

2. 製作 D 環耳、腕帶

製作 D 環耳

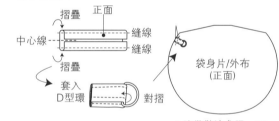

中心線--　摺疊　正面　縫線　縫線　摺疊

套入 D 型環　對摺

袋身片/外布（正面）

＊腕帶做法參照 p.31

3. 縫合褶子

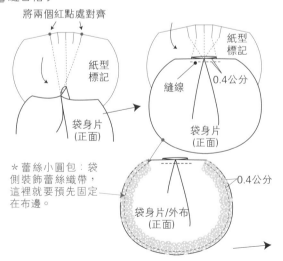

將兩個紅點處對齊

紙型標記　縫線　袋身片（正面）

紙型標記　0.4公分　袋身片（正面）

＊蕾絲小圓包：袋側裝飾蕾絲織帶，這裡就要預先固定在布邊。

0.4公分

袋身片/外布（正面）

158

Butterfly Circle Wristlet Bag
蝴蝶結腕包　　紙型檔名 no.21

製作步驟

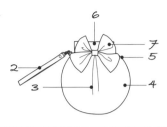

成品尺寸

整體 ＊ 寬 17× 高 17.5 公分

腕帶 ＊ 總長 23 公分

材　　料

外布 ＊ 寬 59× 高 32 公分 1 片

裡布 ＊ 寬 59× 高 18 公分 1 片

不織布厚襯 ＊ 寬 54× 高 17 公分 1 片

夾片口金框 ＊ 寬 9.5 公分 1 組

D 型環 ＊ 直徑 1 公分 1 組

問號鉤 ＊ 寬 1 公分 1 組

固定釦 ＊ 直徑 0.6 公分 1 組

做　　法

前置作業：裁剪好所需的布片，按紙型中標示的記號，以粉圖筆等在布料上做摺疊所需的記號，再參照以下步驟操作。

1. ～ 6. 袋身做法：參照 p.158 印花小圓包做法 **1. ～ 6.**。

7. 製作蝴蝶結上片、下片和中片：使用熨斗，按紙型標記分別摺疊上片和下片、中片，用藏針縫（參照 p.35）縫合蝴蝶結，然後固定在小圓包袋口和袋身接合的中心點即完成。

5. 在袋口縫線

在接縫處縫線
□金框穿入□

(正面)

縫線

6. 安裝夾片口金框

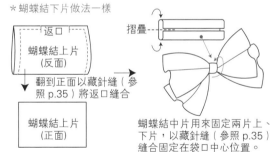

使用鑷子將凸出的金屬擋口固定

7. 製作蝴蝶結上片、下片和中片

＊蝴蝶結下片做法一樣

返口
蝴蝶結上片
(反面)

翻到正面以藏針縫（參照 p.35）將返口縫合

蝴蝶結上片
(正面)

摺疊

蝴蝶結中片用來固定兩片上、下片，以藏針縫（參照 p.35）縫合固定在袋口中心位置。

4. 製作袋身

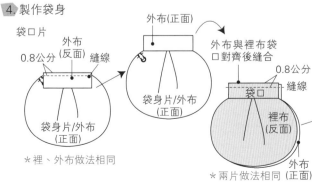

袋口片
外布(正面)
0.8公分
外布(反面)
縫線
袋身片/外布(正面)
袋身片/外布(正面)

外布與裡布袋口對齊後縫合
0.8公分
縫線
袋口
裡布(反面)
外布(正面)

＊裡、外布做法相同

＊兩片做法相同

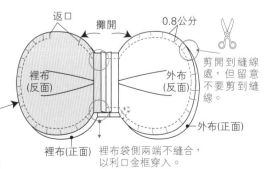

返口　攤開　0.8公分
裡布(反面)
外布(反面)
裡布(正面)　裡布袋側兩端不縫合，以利口金框穿入。
外布(正面)
剪開到縫線處，但留意不要剪到縫線。

Zipper Circle Wristlet Bag
手腕拉鍊圓包 紙型檔名 no.22

製作步驟

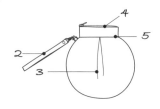

成品尺寸

整體＊寬 17× 高 18.5 公分

腕帶＊總長 23 公分

材　　料

外布＊寬 59× 高 22 公分 1 片

裡布＊寬 59× 高 18 公分 1 片

不織布厚襯＊寬 54× 高 17 公分 1 片

一般拉鍊＊長 10 公分 1 組

D 型環＊直徑 1 公分 1 組

問號鉤＊寬 1 公分 1 組

固定釦＊直徑 0.6 公分 1 組

做　　法

前置作業：裁剪好所需的布片，按紙型中標示的記號，以粉圖筆等在布料上做摺疊所需的記號，再參照以下步驟操作。

1. ~ 3. 袋身做法：參照 p.158 印花小圓包做法 1. ~ 3.

4. 固定拉鍊、袋身成型：和一般拉鍊包的拉鍊做法相同，並將外布、裡布各邊對齊縫合，在裡布預留返口，翻到正面後，用藏針縫（參照 p.35）縫合返口即完成。

4. 固定拉鍊、袋身成型

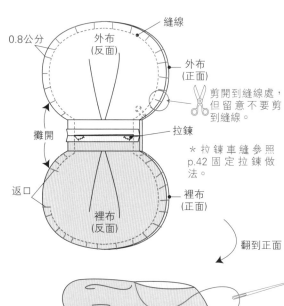

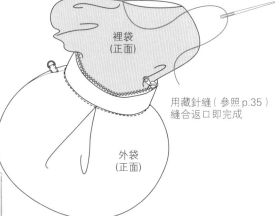

小叮嚀

p.158、p.159 和這款手腕圓包，形狀相似、做法大同小異，是很適合縫紉新手的入門練習作品，運用的技法包括：熨燙夾棉、縫袋身、縫拉鍊、使用固定釦等，都是製作包包常會遇到的工序。

Flat Small Bag
小扁方包
紙型檔名 **no.23**

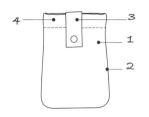

製作步驟

成品尺寸
整體 ＊ 寬 11.5 × 高 15.5 公分

材　　料
外布 ＊ 寬 30 × 高 20 公分 1 片
裡布 ＊ 寬 30 × 高 20 公分 1 片
牛皮 ＊ 寬 2.5 × 長 12 × 厚 0.2 公分 1 條
固定釦 ＊ 直徑 0.6 公分 2 組
壓釦 ＊ 直徑 0.8 公分 1 組
夾片口金框 ＊ 寬 10 公分 1 組

做　　法
前置作業：裁剪好所需的布片，按紙型中標示的記號，以粉圖筆等在布料上做摺疊所需的記號，再參照以下步驟操作。

1. 縫合袋身裡、外布片：分別將袋身外布、裡布各自縫合成袋型，在袋口留口金框穿入口並預留內裡返口。

2. 袋身成型：將外袋正面朝內，套入正面朝外的裡布袋，按紙型標記，從袋口摺線處反摺袋口後，將縫份再內摺 0.8 公分縫合固定。

3. 安裝皮革釦耳：按紙型記號，先在皮革上安裝壓釦母片，用固定釦將釦耳固定在袋身上，然後丈量闔上釦耳時，母釦中心落在前袋身的位置，再安裝公片。

4. 安裝夾片口金框：從袋內兩側穿入口金框即完成。

1. 縫合袋身裡、外布片

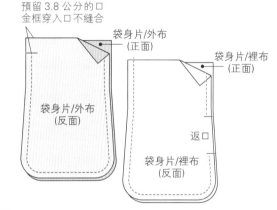

2. 袋身成型

4. 安裝夾片口金框

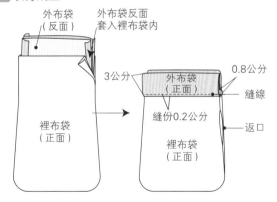

3. 安裝皮革釦耳

＊壓釦做法參照 p.23
＊固定釦做法參照 p.26

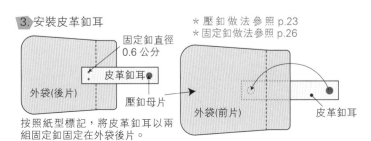

按照紙型標記，將皮革釦耳以兩組固定釦固定在外袋後片。

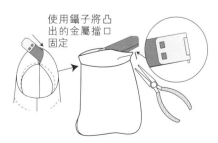

Semi-circle Shoulder Bag
半圓肩背包　紙型檔名 no.24

紙型檔名 no.24

成品尺寸
整體＊寬 22 × 高 14.5 公分

材　料
外 A 布＊寬 27 × 高 24.5 公分 1 片
外 B 布＊寬 36.5 × 高 17.5 公分 1 片
裡布＊寬 98.5 × 高 31 公分 1 片
薄夾棉＊寬 36.5 × 高 39 公分 1 片
薄布襯＊寬 23 × 高 26 公分 1 片
造型壓釦＊直徑約 2 公分 1 組
雞眼＊直徑 0.8 公分 2 組
一般拉鍊＊18 公分 1 條
肩背繩→粗 0.3 ~ 0.5 × 長 100 公分 1 條

做　法
前置作業：裁剪好所需的布片，按紙型中標示的記號，以粉圖筆等在布料上做摺疊所需的記號，再參照以下步驟操作。

1. **熨燙所有布襯、夾棉**：在袋身片外 A 布、口袋片外 B 布背面熨貼薄夾棉（參照 p.36），兩片口袋片背面熨貼薄布襯（參照 p.37）。
2. **製作拉鍊口袋**：在拉鍊袋口處縫合固定拉鍊（參照 p.42，固定拉鍊做法）。
3. **製作口袋片褶子**：按照紙型標將褶子縫合固定。
4. **縫合裡外袋身片與口袋片**：對齊後縫合各布片，此時也將拉鍊口袋一起縫合固定。
5. **固定雞眼和壓釦**：按紙型標記，依序在袋背面安裝雞眼，在袋蓋片上安裝壓釦母片，以及從返口安裝口袋片正面的壓釦公釦。
6. **肩背包完成**：用藏針縫（參照 p.35）縫合返口，並在袋背面雞眼穿入背繩（做法 p.30）即完成。

製作步驟

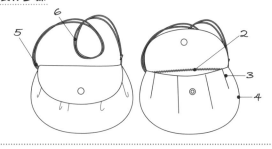

2. 製作拉鍊口袋

＊拉鍊車縫參照 p.42
固定拉鍊做法

拉鍊口袋（正面）

3. 製作口袋片褶子

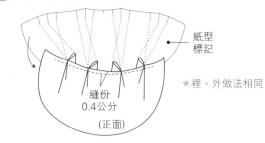

紙型標記

＊裡、外做法相同

縫份 0.4公分（正面）

4. 縫合裡外袋身片與口袋片

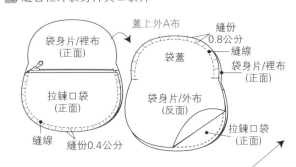

蓋上外A布
縫份 0.8公分
縫線
袋身片/裡布（正面）
袋身片/裡布（正面）
袋蓋
拉鍊口袋（正面）
袋身片/外布（反面）
拉鍊口袋（正面）
縫線
縫份0.4公分

小叮嚀
壓釦公片的安裝，如果在還沒將返口縫合之前，透過返口將公片底座藏入裡布和外片之間，視覺上比較精緻。

Semi-circle Bag
半圓包

Striped Round Bag
條紋圓包

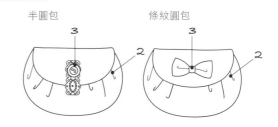

半圓包　　　　　條紋圓包

成品尺寸

整體 ✴ 寬 14.5 × 高 9.5 公分

材　料

外 A 布 ✴ 寬 16.5 × 高 18 公分 1 片
外 B 布 ✴ 寬 24 × 高 12 公分 1 片
裡布 ✴ 寬 40 × 高 18 公分 1 片
厚布襯 ✴ 寬 36 × 高 18 公分 1 片
手縫壓釦 ✴ 直徑約 1 公分 1 組
裝飾用木釦 ✴ 1 顆
蕾絲織帶 ✴ 寬 2 × 長 12 公分 1 片
✴ 條紋圓包材料省略「裝飾用木釦」、「蕾絲織帶」，
其餘相同。

做　法

前置作業： 裁剪好所需的布片，按紙型中標示的記號，
以粉圖筆等在布料上做摺疊所需的記號，再參照以下
步驟操作。

1. **熨燙所有布襯：** 在袋身片外 A 布、口袋片外 B 布背
面熨貼厚布襯（參照 p.37）。
2. **袋身做法：** 參照 p.162 半圓肩背包做法 **3.** ～ **4.**。
3. **縫合壓釦、裝飾用木釦和織帶蕾絲：** 按紙型標記，
在袋蓋片外布縫上蕾絲織帶和木釦，接著在反面相同
的位置縫上壓釦公片，在口袋片外布縫上壓釦母片，
用藏針縫（參照 p.35）縫合返口即完成。

✴ 條紋圓包的做法省略「裝飾用木釦」、「蕾絲織帶」，
增加「蝴蝶結製作」的工序，其餘做法同 p.162。

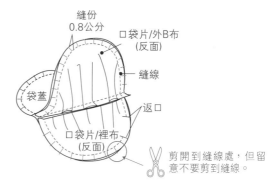

縫份
0.8公分
口袋片/外B布
（反面）
縫線
袋蓋
返口
口袋片/裡布
（反面）
剪開到縫線處，但留
意不要剪到縫線。

5. **固定雞眼和壓釦**

壓釦母片
雞眼　　　雞眼
袋身後面
（正面）

使用丸斬工具打洞的時候，
要留意、撥開前面袋身。

✴ 壓釦做法參照 p.23
✴ 固定釦做法參照 p.26

6. **肩背包完成**

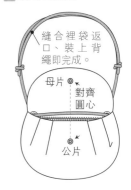

縫合裡袋返
口、裝上背
繩即完成。

母片
對齊
圓心
公片

蝴蝶結製作

按照紙型標記，先將
長邊上下摺疊。

兩短邊往中心線摺疊

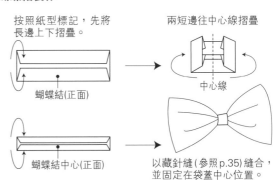

蝴蝶結(正面)

中心線

蝴蝶結中心(正面)

以藏針縫（參照 p.35）縫合，
並固定在袋蓋中心位置。

Zipper Cell Phone Case
拉鍊手機包

紙型檔名 **no.27**

成品尺寸

整體＊寬 11.5× 高 14× 厚 2.5 公分

腕帶＊總長 23 公分

材　料

外 A 布＊寬 30.5 公分 × 高 18 公分 1 片

外 B 布＊寬 12.6 公分 × 高 10.5 公分 1 片

裡布＊寬 13 公分 × 高 34 公分 1 片

薄夾棉＊寬 12 公分 × 高 32 公分 1 片

一般拉鍊＊長 18 公分 1 條

支架口金框＊寬 10 公分 1 組

D 型環＊寬 1 公分 1 組

問號鉤＊寬 1 公分 1 組

固定釦＊直徑 0.6 公分 1 組

做　法

前置作業：裁剪好所需的布片，按紙型中標示的記號，以粉圖筆等在布料上做摺疊所需的記號，再參照以下步驟操作。

1. 接合外袋身片：將袋身上片、下片對齊縫合後，在背面熨貼薄夾棉（參照 p.36）。

2. 製作 D 環耳和腕帶：縫合 D 環耳布片後，套入 D 環對摺，以粗針縫固定在袋身片的 D 環耳位置。布腕帶做法參照 p.31。

3. 縫合拉鍊與袋身兩側：將拉鍊固定在袋口，從反面縫合袋身外布、裡布雙側邊，在裡布預留返口，並按紙型標示，抓出 1 公分側邊底部縫合。

4. 袋身成型：翻到正面，沿著袋口距離 1 公分處縫線，從返口穿入袋口兩邊的口金框，調整袋型，用藏針縫（參照 p.35）縫合返口，鉤上腕帶即完成。

製作步驟

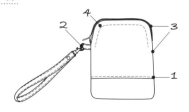

1. 接合外袋身片

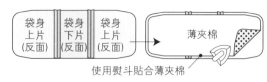

袋身上片（反面）　袋身下片（反面）　袋身上片（反面）　薄夾棉

使用熨斗貼合薄夾棉

2. 製作 D 環耳和腕帶

＊布腕帶做法參照 p.31

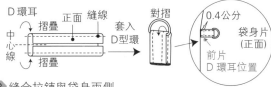

D 環耳　中心線　摺疊　正面　縫線　摺疊

套入 D 型環　對摺

0.4公分　袋身片（正面）　前片 D 環耳位置

3. 縫合拉鍊與袋身兩側

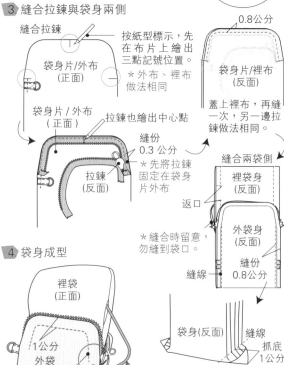

縫合拉鍊

袋身片/外布（正面）

袋身片/外布（正面）

拉鍊也繪出中心點

拉鍊（反面）

縫份 0.3 公分

＊先將拉鍊固定在袋身片外布

按紙型標示，先在布片上繪出三點記號位置。

＊外布、裡布做法相同

0.8公分

袋身片/裡布（反面）

蓋上裡布，再縫一次，另一邊拉鍊做法相同。

縫合兩袋側

裡袋身（反面）

返口

外袋身（反面）

＊縫合時留意，勿縫到袋口。

縫線　縫份 0.8公分

4. 袋身成型

裡袋（正面）

1公分

外袋（正面）縫線

縫線時，外袋口布和裡袋口布要對齊重疊。

口金框從返口內部穿入此軌道

袋身（反面）　縫線

抓底 1公分

＊外袋、裡袋做法相同

Cell Phone Case
手機包

紙型檔名 no.23

成品尺寸

整體＊寬 11.5× 高 14× 厚 2.5 公分

材　料

外 A 布＊寬 13× 高 34 公分 1 片
外 B 布＊寬 15× 高 20 公分 1 片
裡布＊寬 13× 高 34 公分 1 片
薄夾棉＊寬 20× 高 32 公分 1 片
支架口金框＊寬 10 公分 1 組
D 型環＊寬 1 公分 1 組
撞釘磁釦＊直徑 0.8 公分 1 組

做　法

前置作業： 裁剪好所需的布片，按紙型中標示的記號，以粉圖筆等在布料上做摺疊所需的記號，再參照以下步驟操作。

1. **貼合薄夾棉：** 在袋身外 A 布、袋蓋片外布反面熨貼薄夾棉（參照 p.36）。

2. **製作 D 環耳：** 參照 p.164 的做法，縫合 D 環耳布片後，套入 D 環對摺，以粗針縫固定在袋身片的 D 環耳位置。

3. **縫合袋口ㄇ型、袋身兩側：** 將外袋身片、裡布袋口ㄇ型邊對齊縫合後，以直線縫合袋身兩側，並抓出 1 公分側邊底部縫合。

4. **製作袋蓋片：** 外 B 布正面相對，縫合ㄇ型邊緣，再用藏針縫（參照 p.35）縫合返口。背面有夾棉的那邊朝外，按紙型標記安裝撞釘磁釦公片（參照 p.24）。

5. **袋身成型：** 翻到正面，沿著袋口距離 1 公分處縫線，在袋身後片縫合固定袋蓋片，從返口安裝前片磁釦母片後，從返口穿入袋口兩邊的口金框，調整袋型，用藏針縫（參照 p.35）縫合返口即完成。

製作步驟

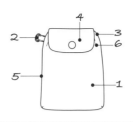

2. 製作 D 環耳
　＊ D 環耳做法參照 p.164

0.4公分
袋身片（正面）
前片 D 環耳位置

3. 縫合袋口ㄇ型、袋身兩側
袋身片

外布縫線（反面）　袋側　0.8公分　袋側
裡布(正面)
縫合兩袋側
外布（反面）
縫線
縫線
袋身(反面)　縫線　抓底 1公分
裡布（反面）
返口

＊外袋、裡袋做法相同

4. 製作袋蓋片

袋蓋/夾棉面（反面）
翻到正面
袋蓋/夾棉面（正面）
袋蓋（反面）
安裝磁釦
藏針縫（參照 p.35）
袋蓋/夾棉面（正面）
撞釘磁釦（公片/上片）

5. 袋身成型

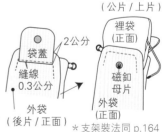

外袋(正面)
縫線 1公分
固定袋蓋
袋蓋
縫線 0.3公分
2公分
外袋（後片/正面）
裡袋（正面）
磁釦母片
外袋（正面）

先縫口金框所需的軌道，縫線時，外袋口布和裡袋口布要對齊重疊。

＊支架裝法同 p.164

> **小叮嚀**
>
> 袋口的 D 環設計，當放在大包包時，直接和大包袋底的問號鉤連結，預防包包平放時手機不慎滑出。

165

Flap Shoulder Square Bag
金屬釦環方包 紙型檔名 no.30

成品尺寸
整體＊寬 18×高 12×厚 4.5 公分

材　料
外 A 布＊寬 30×高 34 公分 1 片
外 B 布＊寬 18×高 15 公分 1 片
裡布＊寬 62×高 12 公分 1 片
厚夾棉＊寬 41×高 21.5 公分 1 片
背繩＊粗 0.4×長 120 公分 1 條
D 型環＊寬 1 公分 2 組
問號鉤＊寬 1 公分 2 組
轉釦＊適當大小 1 組

做　法
前置作業： 裁剪好所需的布片，按紙型中標示的記號，以粉圖筆等在布料上做摺疊所需的記號，再參照以下步驟操作。

1. 貼合厚夾棉： 在袋身外 A 布、袋蓋片外 B 布反面熨貼厚夾棉。

2. 製作 D 環耳： 將 D 環耳布片正面朝外，向內摺四等份後，直線縫合固定，套入 D 環後對摺，備用。

3. 縫合袋蓋、安裝轉釦上釦： 將袋蓋外布、裡布正面相對，從反面縫合∩型邊緣，從「接後袋口」處翻到正面，熨燙後丈量轉釦孔位尺寸，按紙型位置標記，安裝轉釦上釦。

4. 縫合袋身： 袋身裡布、外布分別縫合成袋狀，在裡布預留返口，再將 D 環耳以粗針縫方式固定在袋身外布的兩側袋口中心，縫份 0.4 公分。

5. 組合袋蓋和袋身： 將外袋翻到正面朝外，套入保持反面朝外的裡袋，在袋身後袋口位置插入袋蓋，對齊袋口邊緣並縫合。

製作步驟

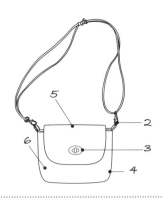

6. 袋身成型、安裝轉釦底座： 將袋身翻到正面，按紙型位置標記位置，從返口輔助安裝轉釦底座，用藏針縫（參照 p.35）縫合返口，並在兩端 D 環穿入背繩（參照 p.30）即完成。

2. 製作 D 環耳
D 環耳

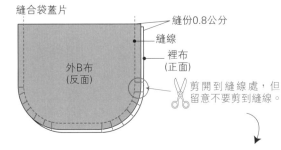

摺疊　正面　　　　　　　　　套入　　　對摺
中心線　　　　　　　縫線　　　D 型環
摺疊　　　　　　　縫線

3. 縫合袋蓋、安裝轉釦上釦

縫合袋蓋片

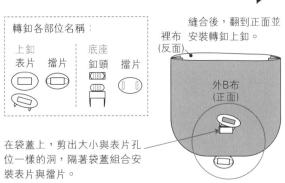

縫份0.8公分
縫線
裡布（正面）
外B布（反面）

剪開到縫線處，但留意不要剪到縫線。

轉釦各部位名稱：

上釦		底座	
表片	擋片	釦頭	擋片

縫合後，翻到正面並安裝轉釦上釦。
裡布（反面）
外B布（正面）

在袋蓋上，剪出大小與表片孔位一樣的洞，隔著袋蓋組合安裝表片與擋片。

4. 縫合袋身

袋身片/外A布

袋身片
(反面)

縫份
0.8公分

袋身片/裡布

縫份
0.8公分

袋身片
(反面)

返口

外布袋
(反面)

縫線

縫份
0.8公分

裡布袋
(反面)

縫線

縫份
0.8公分

＊另一邊袋底縫法相同

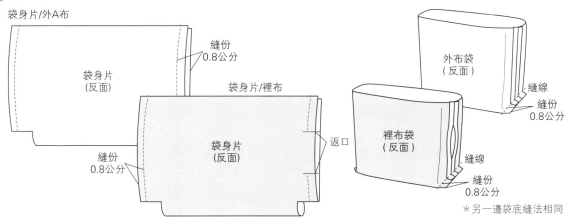

5. 組合袋蓋和袋身

外袋身翻到正面

縫份
0.4公分

在外布袋袋口兩
側縫上 D 環耳

縫份
0.4公分

袋蓋裡布
(正面)

外布袋
(正面)

袋蓋外布(正面)

按照紙型標記，在外
袋身後片縫上袋蓋

兩袋正面相對套
在一起

外布袋
(正面)

裡布袋
(反面)

外布袋
(正面)

對齊後縫一圈，
縫份 0.8 公分。

裡布袋
(反面)

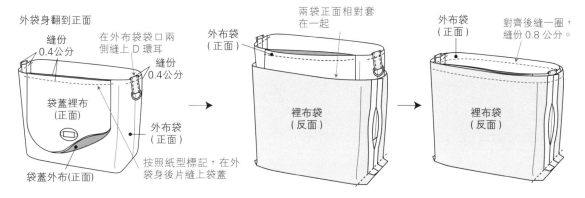

6. 袋身成型，安裝轉釦底座

背繩綁法參照 p.30

＊以藏針縫 (參照 p.35) 縫合裡袋返口

＊安裝轉釦底座時，
除了按照紙型標記
外，記得先蓋上袋
蓋，依據上釦位置
測試、丈量實際的
底座位置。

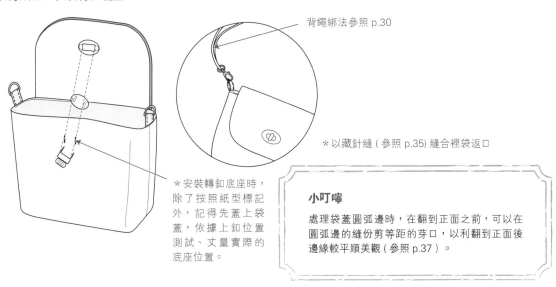

小叮嚀

處理袋蓋圓弧邊時，在翻到正面之前，可以在
圓弧邊的縫份剪等距的芽口，以利翻到正面後
邊緣較平順美觀 (參照 p.37)。

Flap Shoulder Hobo Bag
金屬釦環圓包　紙型檔名 no.31

成品尺寸

整體＊寬 15× 高 11.5× 厚 2.5 公分

材　　料

外 A 布＊寬 45× 高 15 公分 1 片
外 B 布＊寬 17× 高 10 公分 1 片
裡布＊寬 56× 高 15 公分 1 片
厚夾棉＊寬 51× 高 13 公分 1 片
背繩＊粗 0.4× 長 120 公分 1 條
D 型環＊寬 1 公分 2 組
問號鉤＊寬 1 公分 2 組
轉釦＊適當大小 1 組

做　　法

前置作業： 裁剪好所需的布片，按紙型中標示的記號，以粉圖筆等在布料上做摺疊所需的記號，再參照以下步驟操作。

1. 貼合厚夾棉： 在袋身外 A 布、袋蓋片外 B 布反面燙貼厚夾棉。

2. 製作 D 環耳： 將 D 環耳布片正面朝外，向内摺四等份後，直線縫合固定，套入 D 環後對摺，備用。

3. 縫合袋蓋、安裝轉釦上釦： 將袋蓋外布、裡布正面相對，從反面縫合弧型邊緣，從「接後袋口」處翻到正面，熨燙後丈量轉釦孔位尺寸，按紙型位置標記，安裝轉釦上釦。

4. 縫合袋身、褶子： 先縫合袋身片裡、外布片的底部褶子後，分別各自縫合成袋狀，在裡布預留返口，再將 D 環耳以粗針縫固定在袋身外布的兩側袋口中心，縫份 0.4 公分。

5. 組合袋蓋和袋身： 將外袋翻到正面，套入反面朝外的裡袋，在後袋口位置夾入袋蓋，對齊袋口後縫合。

製作步驟

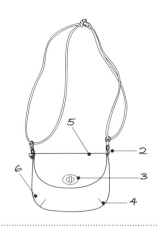

6. 袋身成型、安裝轉釦底座： 將袋身翻到正面，按紙型位置標記位置，從返口輔助安裝轉釦底座，用藏針縫（參照 p.35）縫合返口，並在兩端 D 環穿入背繩（參考 p.30）即完成。

2. 製作 D 環耳

D 環耳

摺疊　　正面　　套入　　對摺
　　　　　　　　D 型環
中心線---　　　　縫線
　　　　　　　　縫線
摺疊

3. 縫合袋蓋、安裝轉釦上釦

縫合袋蓋片

　　　　　　　　　　　縫份0.8公分
外B布　　　　　　　　縫線
（反面）　　　　　　　裡布
　　　　　　　　　　　（正面）

剪開到縫線處，但留意不要剪到縫線。

縫合後，翻到正面並安裝轉釦上釦。

裡布
（反面）

外B布(正面)

轉釦各部位名稱：

上釦		底座	
表片	擋片	釦頭	擋片

在袋蓋上，剪出大小與表片孔位一樣的洞，隔著袋蓋組合安裝表片與擋片。

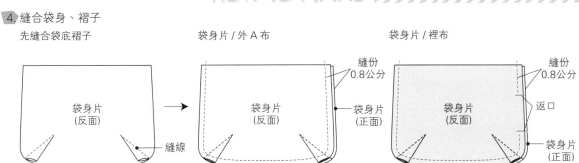

4. 縫合袋身、褶子

先縫合袋底褶子

袋身片（反面）

縫線

袋身片 / 外 A 布

袋身片（反面）

縫份 0.8公分

袋身片（正面）

袋身片 / 裡布

袋身片（反面）

縫份 0.8公分

返口

袋身片（正面）

＊裡、外袋身布片縫法相同

5. 組合袋蓋和袋身

外袋身翻到正面

縫份 0.4公分

在外布袋袋口兩側縫上 D 環耳

縫份 0.4公分

袋蓋裡布（正面）

外布袋（正面）

袋蓋外布(正面)

兩袋正面相對套在一起

外布袋（正面）

裡布袋（反面）

對齊後縫一圈，縫份 0.8 公分。

外布袋（反面）

裡布袋（反面）

6. 袋身成型，安裝轉釦底座

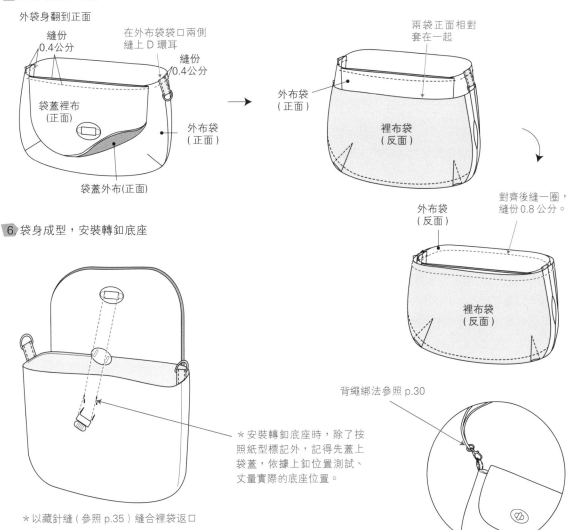

＊安裝轉釦底座時，除了按照紙型標記外，記得先蓋上袋蓋，依據上釦位置測試、丈量實際的底座位置。

背繩綁法參照 p.30

＊以藏針縫（參照 p.35）縫合裡袋返口

Frame Wallet
口金短夾

紙型檔名 **no.32**

製作步驟

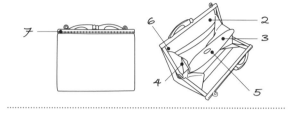

成品尺寸

整體＊寬 12× 高 9.5× 厚 2 公分

材　料

外布＊寬 15× 高 19 公分 1 片
裡布＊寬 52× 高 35 公分 1 片
薄布襯＊寬 23× 高 20 公分 1 片
硬布襯＊寬 12× 高 19 公分 1 片
ㄇ型口金框＊寬 12 公分 1 組
撞釘磁釦＊直徑 1 公分 1 組

做　法

前置作業：裁剪好所需的布片，按紙型中標示的記號，以粉圖筆等在布料上做摺疊所需的記號，再參照以下步驟操作。

1. **貼合布襯：**在袋身片反面熨貼硬布襯，一片內口袋和兩片夾層反面熨貼薄布襯。

2. **製作卡片夾層：**按「山線、谷線」的記號熨燙、摺疊，用熨斗將夾層摺疊定型且縫合固定。

3. **製作內口袋：**將兩片內口袋布片正面相對，從反面縫合袋蓋弧形邊緣和袋口處，然後從袋側翻到正面，用熨斗熨燙，按紙型位置標記安裝撞釘磁釦（也可使用壓釦或手縫式磁釦）。

4. **製作左、右扇形夾層：**按紙型標記摺疊夾層布片。

5. **縫合內口袋和夾層：**按紙型標記位置，在兩片夾層間夾入內口袋，以直線縫合固定。

6. **組合各部位：**將袋身片以正面朝上平放，依序堆疊兩側縫有夾層的內口袋，居中、上下對齊堆疊正面朝袋身片的卡片夾層。

7. **袋身成型：**翻到正面後熨燙，套上口金框，以平針縫合固定口金框和布片即完成。

2. 製作卡片夾層

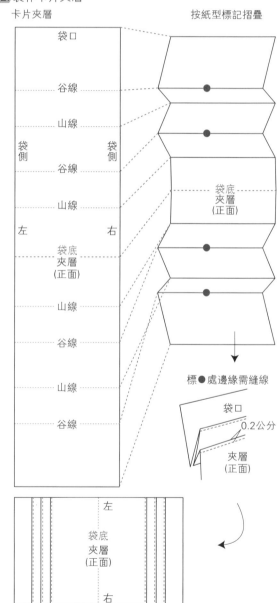

3. 製作內口袋

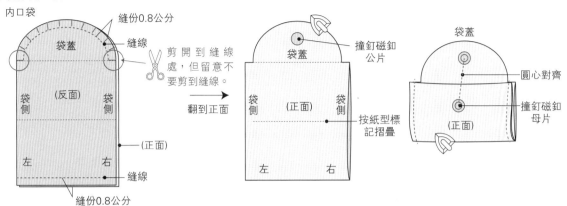

內口袋

縫份0.8公分

袋蓋

縫線

剪開到縫線處，但留意不要剪到縫線。

袋側 (反面) 袋側

左 右

(正面)

縫線

縫份0.8公分

翻到正面

袋蓋

撞釘磁釦公片

袋側 (正面) 袋側

左 右

按紙型標記摺疊

袋蓋

圓心對齊

撞釘磁釦母片

(正面)

4. 製作左、右扇形夾層

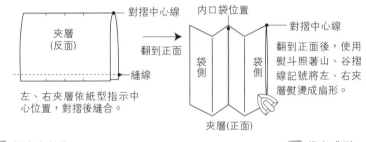

夾層 (反面)

翻到正面

縫線

左、右夾層依紙型指示中心位置，對摺後縫合。

內口袋位置

對摺中心線

袋側 袋側

夾層(正面)

對摺中心線

翻到正面後，使用熨斗照著山、谷摺線記號將左、右夾層熨燙成扇形。

5. 縫合內口袋和夾層

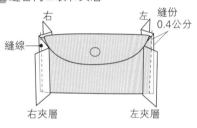

右 左

縫份0.4公分

縫線

右夾層 左夾層

6. 組合各部位

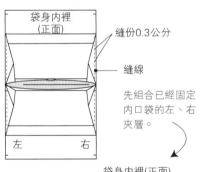

袋身內裡 (正面)

縫份0.3公分

縫線

先組合已經固定內口袋的左、右夾層。

左 右

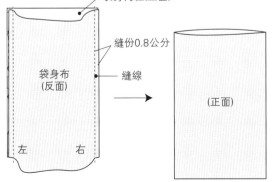

袋身內裡(正面)

縫份0.8公分

縫線

袋身布 (反面)

左 右

(正面)

7. 袋身成型

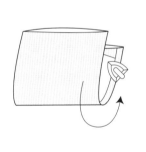

迴針縫

將口金與袋身以針線迴針縫 (參照 p.35) 固定即成。

小叮嚀

製作這個口金皮夾的過程中，在最後組合布片、內口袋時，因為左、右夾層的扇形結構，使得縫合較困難。如果對縫紉機的操作不熟練，可以用手縫平針縫，以小針距縫合固定左右兩袋側。

Envelope Cluth Bag
信封包

紙型檔名 **no.29**

成品尺寸

整體 ＊ 寬 19.5× 高 10 公分

材　　料

外布 ＊ 寬 29.6× 高 29.6 公分 1 片

裡布 ＊ 寬 29.6× 高 29.6 公分 1 片

扁皮繩 ＊ 寬 0.3× 長 45 公分 1 條

做　　法

前置作業： 裁剪好所需的布片，按紙型中標示的記號，以粉圖筆等在布料上做摺疊所需的記號，再參照以下步驟操作。

1. 固定綁繩： 按紙型標記，在外布袋口尖點處，從反面安裝綁繩。

2. 袋身成型： 外布、裡布分別按紙型的虛線記號摺疊，布的正面在內，縫合重疊的縫份後，將外袋翻到正面朝外，套入保持反面朝外的裡袋，對齊各邊後將剩餘的邊縫合，預留返口翻到正面，用藏針縫（參照 p.35）縫合返口，最後再熨燙即完成。

製作步驟

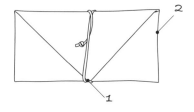

1. 固定綁繩

按紙型標記位置，固定扁皮繩。

縫份 0.4公分

袋身片（正面）

扁皮繩

按紙型標記摺疊，分別將裡、外袋身片縫成袋型。

裡布（正面）

裡布（反面）

外布（正面）

外布（反面）

將外布翻到正面，套入裡布袋中。

裡布（正面）

外布（正面）

翻到正面

＊以藏針縫（參照 p.35）縫合返口

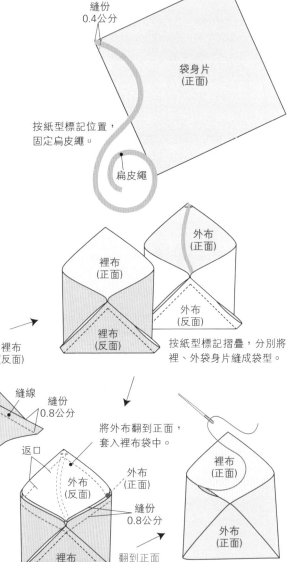

2. 袋身成型

袋身片

裡布（反面）

縫線

縫份 0.8公分

裡布（正面）

裡布（反面）

縫線

縫份 0.8公分

返口

外布（反面）

縫份 0.8公分

裡布（反面）

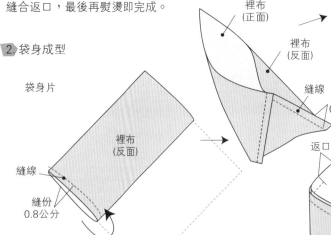

Pyramid Shaped Bag
立體粽子包 　紙型檔名 no.33

製作步驟

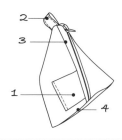

成品尺寸
整體 ＊ 寬 11.5 × 高 12.5 公分

材　料
外布 ＊ 寬 23.6 × 高 12.6 公分 1 片
裡布 ＊ 寬 23.6 × 高 12.6 公分 1 片
一般拉鍊 ＊ 長 10 公分 1 條
布標 ＊ 寬 3.5 × 長 4.5 公分 1 片

做　法
前置作業：裁剪好所需的布片，按紙型中標示的記號，以粉圖筆等在布料上做摺疊所需的記號，再參照以下步驟操作。

1. 縫合布標：將布標縫在袋身外布上。

2. 製作小把手：將布片正面朝外，向內摺四等份後，直線縫合固定，對摺後以粗針縫固定在袋身外布。

3. 固定拉鍊：先將拉鍊固定在外布、裡布兩端。

4. 縫合袋身：對應紙型的符號，依序縫合各邊，並於裡布預留返口，翻到正面後，用藏針縫（參照 p.35）縫合返口即完成。

1. 縫合布標

袋頂
袋身片/外布
（正面）
按照紙型標記，將布標縫合在此，並且靠齊右邊縫份 ← 布標
袋底

2. 製作小把手

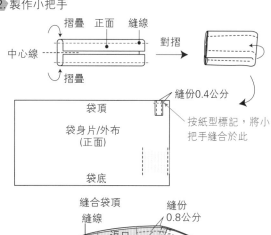

摺疊　正面　縫線　　對摺
中心線 ---
摺疊
袋頂
袋身片/外布
（正面）
袋底
縫份0.4公分
按紙型標記，將小把手縫合於此

3. 固定拉鍊

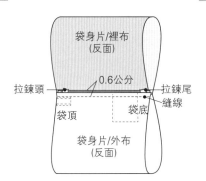

袋身片/裡布
（反面）
拉鍊頭　0.6公分　拉鍊尾
縫線
袋頂　　袋底
袋身片/外布
（反面）

4. 縫合袋身

縫合袋底

袋底
縫份 0.8公分
袋底

按照紙型標記，袋底中心線對齊拉鍊後，攤平裡布與外布，一起縫合固定。

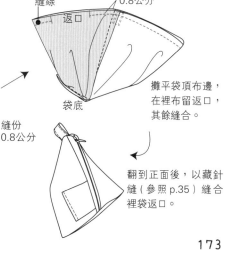

縫合袋頂
縫線　　縫份 0.8公分
返口
袋底

攤平袋頂布邊，在裡布留返口，其餘縫合。

翻到正面後，以藏針縫（參照 p.35）縫合裡袋返口。

173

Small Zipper Pouch
收納拉鍊小包 紙型檔名 **no.34**

成品尺寸

整體 ＊ 寬 20 × 高 20 公分

材　料

外 A 布 ＊ 寬 23 × 高 26 公分 1 片

外 B 布 ＊ 寬 23 × 高 25 公分 1 片

裡布 ＊ 寬 41.6 × 高 22.6 公分 1 片

薄夾棉 ＊ 寬 40 × 高 21 公分 1 片

銅拉鍊 ＊ 長 20 公分 1 條

做　法

前置作業：裁剪好所需的布片，按紙型中標示的記號，以粉圖筆等在布料上做摺疊所需的記號，再參照以下步驟操作。

1. 接縫袋身上、下片：將兩片袋身上片、一片下片對齊縫合。

2. 貼合夾棉：熨燙袋身外片接合的縫份後，在反面貼合薄夾棉。

3. 製作袋耳：將布片正面朝外，向內摺 0.8 公分縫份後，直線縫合固定，對摺後以粗針縫固定在袋身外布袋口的兩端。

4. 縫合拉鍊、袋身：保持袋身在反面的狀態，攤平裡布、外布袋身，以直線縫合兩邊袋側，要預留返口，翻到正面後熨燙袋型，用藏針縫（參照 p.35）縫合返口即完成。

製作步驟

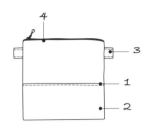

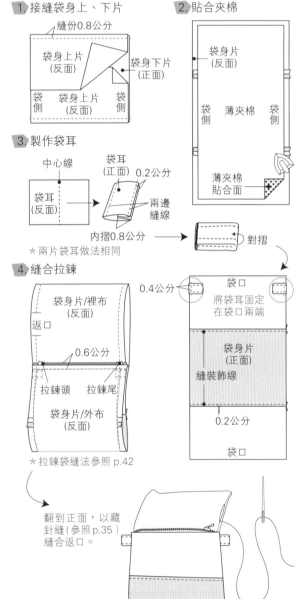

1. 接縫袋身上、下片

縫份0.8公分

袋身上片（反面）　袋身下片（正面）

袋側　袋身上片（反面）　袋側

2. 貼合夾棉

袋身片（反面）

袋側　薄夾棉　袋側

薄夾棉貼合面

3. 製作袋耳

中心線

袋耳（反面）　袋耳（正面）　0.2公分　兩邊縫線

內摺0.8公分　→　對摺

＊兩片袋耳做法相同

4. 縫合拉鍊

袋身片/裡布（反面）

返口

0.6公分

拉鍊頭　拉鍊尾

袋身片/外布（反面）

＊拉鍊袋縫法參照 p.42

0.4公分　袋口　將袋耳固定在袋口兩端

袋身片（正面）

縫裝飾線　0.2公分

袋口

翻到正面，以藏針縫（參照 p.35）縫合返口。

Zipper Cosmetic Bag
拉鍊化妝包　紙型檔名 **no.35**

成品尺寸
整體 ＊ 寬 27.5 × 高 15 公分

材　　料
外 A 布 ＊ 寬 30 × 高 22 公分 1 片
外 B 布 ＊ 寬 30 × 高 17 公分 1 片
裡布 ＊ 寬 30 × 高 34 公分 1 片
薄夾棉 ＊ 寬 29 × 高 30 公分 1 片
銅拉鍊 ＊ 長 28 公分 1 條

做　　法
前置作業：裁剪好所需的布片，按紙型中標示的記號，以粉圖筆等在布料上做摺疊所需的記號，再參照以下步驟操作。

1. 接縫袋身上、下片：將兩片袋身上片、兩片下片對齊縫合。

2. 貼合夾棉：熨燙袋身外片接合的縫份後，在反面貼合薄夾棉。

3. 縫合拉鍊：縫合袋口拉鍊（參照 p.38）。

4. 縫合袋身：保持袋身在反面的狀態，攤平裡布、外布袋身，然後以直線縫合四邊縫份，要預留返口，翻到正面後熨燙袋型，用藏針縫（參照 p.35）縫合返口即完成。

製作步驟

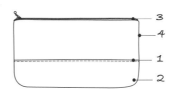

1. 接縫袋身上、下片

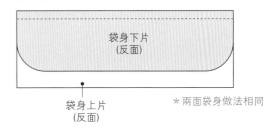

袋身下片
（反面）

袋身上片
（反面）

＊兩面袋身做法相同

2. 貼合夾棉

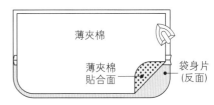

薄夾棉

薄夾棉
貼合面

袋身片
（反面）

3. 縫合拉鍊

返口

袋身片/裡布
（反面）

0.6公分

袋身片/外布
（反面）

＊拉鍊袋縫法參照 p.38 邊緣袋口式拉鍊

4. 縫合袋身

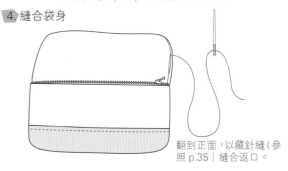

翻到正面，以藏針縫（參照 p.35）縫合返口。

Pleated Clutch Wristlet Purse
百褶包

紙型檔名 no.36

製作步驟

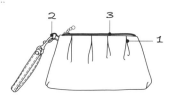

成品尺寸

整體＊寬 22 × 高 15 × 厚 4 公分

腕帶＊總長 23 公分

材　　料

外布＊寬 35 × 高 38 公分 1 片

裡布＊寬 30 × 高 37 公分 1 片

銅拉鍊＊長 18 公分 1 條

D 型環＊寬 1 公分 1 組

問號鉤＊寬 1 公分 1 組

固定釦＊直徑 0.6 公分 1 組

做　　法

前置作業：裁剪好所需的布片，按紙型中標示的記號，以粉圖筆等在布料上做摺疊所需的記號，再參照以下步驟操作。

1. **縫合袋口褶子：**按紙型標示，將裡布、外布的褶子縫合固定。

2. **製作 D 環耳和腕帶：**將 D 環耳布片正面朝外，向內摺四等份後，直線縫合固定，套入 D 環後對摺，以粗針縫固定在袋身片上的 D 環耳位置。布腕帶做法參照 p.31。

3. **縫合拉鍊、袋身：**先縫合袋口拉鍊（參照 p.38 邊緣袋口式拉鍊），保持袋身在反面的狀態，攤平裡布、外布袋身，以直線縫合兩邊袋側，在裡布預留返口，並按紙型標示，以抓底（參照 p.34）方式縫合袋底後，翻到正面後熨燙袋型，用藏針縫（參照 p.35）縫合返口即完成。

1. 縫合袋口褶子

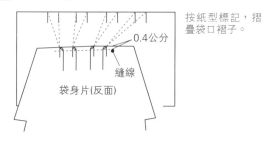

按紙型標記，摺疊袋口褶子。

2. 製作 D 環耳和腕帶

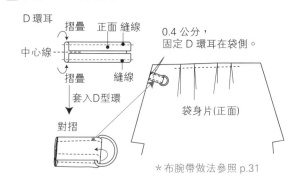

＊布腕帶做法參照 p.31

3. 縫合拉鍊、袋身

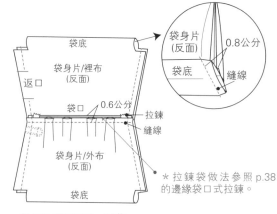

＊拉鍊袋做法參照 p.38 的邊緣袋口式拉鍊。

從返口翻到正面，以藏針縫（參照 p.35）縫合返口。

Canvas Zipper Bag
帆布拉鍊包　紙型檔名 no.37

成品尺寸

整體＊寬 16× 高 10 公分

材　料

外布＊寬 20× 高 30 公分 1 片

銅拉鍊＊長 15 公分 1 條

D 型環＊寬 1 公分 1 組

做　法

前置作業： 裁剪好所需的布片，按紙型中標示的記號，以粉圖筆等在布料上做摺疊所需的記號，再參照以下步驟操作。

1. 縫合拉鍊、袋側： 縫合袋口拉鍊（參照 p.39 袋身開口式拉鍊）後，按紙型位置標記，將袋口拉鍊調整到指定位置，縫合兩邊袋側，縫份 0.4 公分。

2. 袋身成型： 保持袋身在反面朝外的狀態，用包邊布條縫合兩側後，翻到正面。

3. 製作拉鍊頭： 先把拉鍊頭布片正面朝外，向內摺 0.8 縫份，對摺後套入 D 型環，直線縫合固定 D 型環以外的三邊，使用鑷子拆開拉鍊原本的拉頭，裝入自製拉鍊頭即完成。

製作步驟

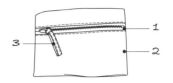

1
2
3

---

1. 縫合拉鍊、袋側

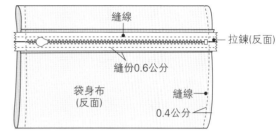

縫線
拉鍊(反面)
縫份0.6公分
袋身布（反面）
縫線
0.4公分

＊拉鍊做法參照 p.39 的袋身開口式拉鍊

2. 袋身成型

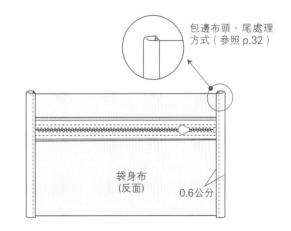

包邊布頭、尾處理方式（參照 p.32）

袋身布（反面）
0.6公分

3. 製作拉鍊頭

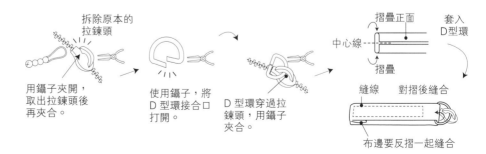

拆除原本的拉鍊頭

用鑷子夾開，取出拉鍊頭後再夾合。

使用鑷子，將 D 型環接合口打開。

D 型環穿過拉鍊頭，用鑷子夾合。

摺疊正面
套入 D 型環
中心線
摺疊
縫線　　對摺後縫合
布邊要反摺一起縫合

Leather Chain Shoulder Bag
側肩雕花鍊包 紙型檔名 no.33

成品尺寸
整體＊寬 20.5× 高 15.5× 厚 8.5 公分

材　料
皮革＊寬 50× 高 30× 厚 0.1 公分 1 片
鋪棉布＊寬 41× 高 30 公分 1 片
夾片口金框＊寬 19.5 公分 1 組
附鉤金屬肩帶＊粗約 0.5× 長 120 公分 1 條
D 型環＊寬 1 公分 2 組

做　法
前置作業：裁剪好所需的布片，按紙型中標示的記號，利用剪刀工具在布料上做摺疊和對位記號，再參照以下步驟操作。

1. 軋花型：將紙型「雕花對位圖」疊在要軋花型的布片正面上，用「心型」、「花型」、「丸斬」按紙型標示的位置鏤刻出花紋，做法詳見 p.22。

2. 製作 D 環耳：先把布片正面朝外，向內摺 0.8 公分縫份，對摺後套入 D 型環。

3. 縫合袋身：袋身裡布、外布分別縫合成袋狀，將外布袋調整成正面朝外、裡布袋正面朝內，裡布袋套入外布袋中，袋側對齊。

4. 縫合袋口、穿入夾片口金框：按紙型上「袋口摺線」處正面朝外，將袋口往內摺，蓋住鋪棉內袋，並以直線縫縫合固定袋口和 D 環耳，兩端 D 環耳做法相同，最後翻到正面穿入口金框以及鉤上金屬肩帶即完成。

按紙型標記，固定 D 環耳，和袋口一起縫合固定。

製作步驟

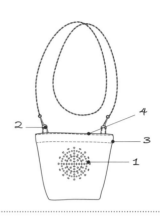

2. 製作 D 環耳

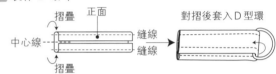

摺疊
正面
對摺後套入 D 型環
中心線
縫線
縫線
摺疊

3. 縫合袋身

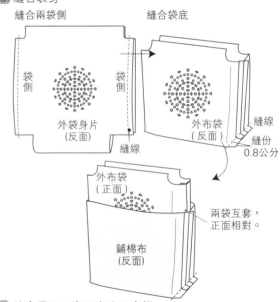

縫合兩袋側
縫合袋底
袋側
袋側
外袋身片（反面）
縫線
外布袋（反面）
縫線
縫份 0.8公分
外布袋（正面）
鋪棉布（反面）
兩袋互套，正面相對。

4. 縫合袋口、穿入夾片口金框

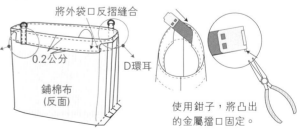

將外袋口反摺縫合
0.2公分
D環耳
鋪棉布（反面）
使用鉗子，將凸出的金屬擋口固定。

Dots Bottle Bag
點點水壺袋　　　紙型檔名 no.39

Butterfly Wine Bottle Bag
蝴蝶結酒袋　　　紙型檔名 no.40

成品尺寸

整體＊寬 9× 高 28× 厚 9 公分

點點水壺袋＊提把總長 24 公分

蝴蝶結酒袋＊提把總長 36 公分

材　　料

點點水壺袋：

外 A 布＊寬 23× 高 40 公分 1 片

外 B 布＊寬 23× 高 28 公分 1 片

裡布＊寬 46× 高 40 公分 1 片

蝴蝶結酒袋：

外 A 布＊寬 23× 高 64.5 公分 1 片

外 B 布＊寬 23× 高 28 公分 1 片

裡布＊寬 46× 高 64.5 公分 1 片

木釦＊直徑 1.8 公分 2 顆

做　　法

前置作業：裁剪好所需的布片，按紙型中標示的記號，以粉圖筆等在布料上做摺疊所需的記號，再參照以下步驟操作。

1. 縫合袋身：分別將外布、裡布各自縫成袋子，並在裡布預留返口。

2. 組合袋身、縫合提把：將外袋袋身正面朝外，套入正面朝內的裡袋，縫合提把側邊及袋口，再從返口翻到正面，用藏針縫（參照 p.35）縫合返口即成。

製作步驟

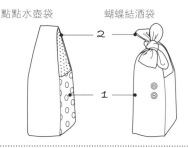

點點水壺袋　　　蝴蝶結酒袋

1. 縫合袋身

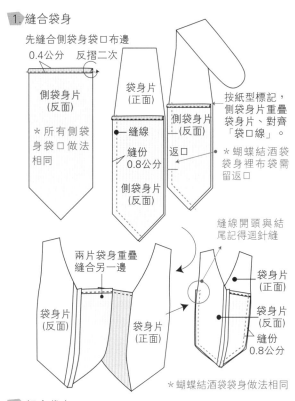

先縫合側袋身袋口布邊

0.4公分　反摺二次

側袋身片（反面）

袋身片（正面）

＊所有側袋身袋口做法相同

●縫線

縫份 0.8公分

側袋身片（反面）

側袋身片（反面）

袋身片（反面）

返口

按紙型標記，側袋身片重疊袋身片、對齊「袋口線」。

＊蝴蝶結酒袋袋身裡布袋需留返口

兩片袋身重疊縫合另一邊

袋身片（反面）

袋身片（正面）

縫線開頭與結尾記得迴針縫

袋身片（正面）

袋身片（反面）

縫份 0.8公分

＊蝴蝶結酒袋袋身做法相同

2. 組合袋身

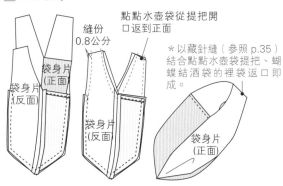

縫份 0.8公分

袋身片（正面）

袋身片（反面）

袋身片（反面）

點點水壺袋從提把開口返到正面

＊以藏針縫（參照 p.35）結合點點水壺袋提把、蝴蝶結酒袋的裡袋返口即成。

袋身片（正面）

Gladstone Bag
手提醫生包 紙型檔名 **no.41**

成品尺寸

整體 ＊ 寬 29× 高 19× 厚 12 公分

提把 ＊ 總長 23 公分

材　　料

外 A 布 ＊ 寬 93× 高 25 公分 1 片

外 B 布 ＊ 寬 70× 高 17 公分 1 片

裡布 ＊ 寬 102× 高 45 公分 1 片

厚夾棉 ＊ 寬 70× 高 40 公分 1 片

薄布襯 ＊ 寬 30× 高 17 公分 1 片

支架口金框 ＊ 寬 20 公分 1 組

銅拉鍊 ＊ 長 35 公分 1 條

現成皮製提把 ＊ 總長約 40 公分 1 組

做　　法

前置作業：裁剪好所需的布片，按紙型中標示的記號，以粉圖筆等在布料上做摺疊所需的記號，再參照以下步驟操作。

1. **貼合布襯、夾棉：**分別在兩片袋身片外 A 布、一片袋側片外 B 布、兩片袋口外 A 布反面，熨貼合厚夾棉，在裡布一片口袋片反面則貼合薄布襯。

2. **固定拉鍊：**按紙型標記在拉鍊織帶畫出中心點與對位點，與袋口片對齊後，連同外 A 布和裡布一起縫合，再縫上拉鍊尾端包布。

3. **製作內口袋：**將兩片內口袋片對齊袋口並縫合，以距離邊緣 0.4 公分縫合固定在袋身片裡布正面。

4. **縫合袋身片、袋側片：**將兩片袋身片，按紙型的對位點對齊縫合成外布袋、裡布袋，在裡布袋留返口。

5. **組合袋身、袋口：**從反面固定拉鍊袋口與袋身，翻到正面。

6. **固定提把與安裝支架口金框：**以手縫固定提把在袋

製作步驟

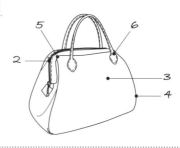

身後，從袋口兩端縫隙穿入口金框，用藏針縫（參照 p.35）縫合口金框入口、裡袋返口即完成。

2. 固定拉鍊

在拉鍊織帶上畫出對位記號

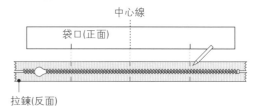

中心線

袋口(正面)

拉鍊(反面)

將拉鍊與袋口布接合

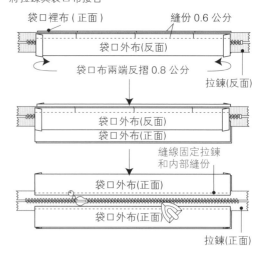

袋口裡布 (正面)　　　　縫份 0.6 公分

袋口外布(反面)

袋口布兩端反摺 0.8 公分

拉鍊(反面)

袋口外布(反面)

袋口外布(正面)

縫線固定拉鍊和內部縫份

袋口外布(正面)

袋口外布(正面)

拉鍊(正面)

在拉鍊兩端縫上包布

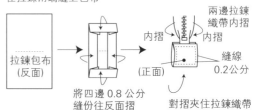

拉鍊包布(反面)

將四邊 0.8 公分縫份往反面摺

(正面)

內摺

兩邊拉鍊織帶內摺

內摺

縫線 0.2公分

對摺夾住拉鍊織帶

3. 製作內口袋

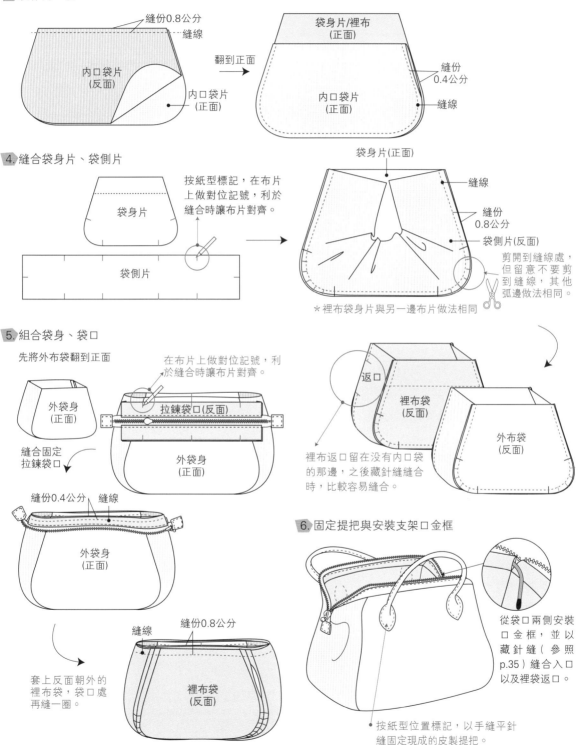

縫份0.8公分
縫線
內口袋片
(反面)
內口袋片
(正面)

翻到正面

袋身片/裡布
(正面)
縫份
0.4公分
內口袋片
(正面)
縫線

4. 縫合袋身片、袋側片

按紙型標記,在布片上做對位記號,利於縫合時讓布片對齊。

袋身片

袋側片

袋身片(正面)
縫線
縫份
0.8公分
袋側片(反面)

剪開到縫線處,但留意不要剪到縫線,其他弧邊做法相同。

＊裡布袋身片與另一邊布片做法相同

5. 組合袋身、袋口

先將外布袋翻到正面

在布片上做對位記號,利於縫合時讓布片對齊。

外袋身
(正面)

縫合固定
拉鍊袋口

拉鍊袋口(反面)
外袋身
(正面)

返口
裡布袋
(反面)

外布袋
(反面)

裡布返口留在沒有內口袋的那邊,之後藏針縫縫合時,比較容易縫合。

縫份0.4公分　縫線

外袋身
(正面)

套上反面朝外的裡布袋,袋口處再縫一圈。

縫線　縫份0.8公分

裡布袋
(反面)

6. 固定提把與安裝支架口金框

從袋口兩側安裝口金框,並以藏針縫(參照p.35)縫合入口以及裡袋返口。

按紙型位置標記,以手縫平針縫固定現成的皮製提把。

Red Striped Bag
紅色條紋包 紙型檔名 no.42

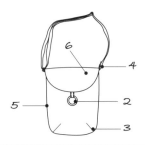

成品尺寸

整體＊寬 23.5× 高 30 公分

材　料

外 A 布＊寬 55× 高 37 公分 1 片

外 B 布＊寬 28× 高 24 公分 1 片

裡布＊寬 83× 高 33 公分 1 片

薄布襯＊寬 83× 高 33 公分 1 片

O 型環＊直徑 4.5 公分 1 組

口型環＊寬 2 公分 1 組

日型環＊寬 2 公分 1 組

包用織帶＊寬 2× 長 140 公分 1 條

做　法

前置作業：裁剪好所需的布片，按紙型中標示的記號，以粉圖筆等在布料上做摺疊所需的記號，再參照以下步驟操作。可調整長度背帶做法參照 p.30。

1. **貼合布襯：**在兩片外 A 布袋身片、外 B 布袋蓋片反面貼合薄布襯。

2. **製作 O 環耳：**將布片正面朝外，兩側長邊內摺縫合，對摺套入 O 型環。

3. **製作裡、外袋身：**將袋底褶子縫合後，分別縫合成兩個袋型，在裡袋預留返口。

4. **製作口環耳：**縫法和 O 環耳相同。

5. **組合袋身：**將外布袋正面朝外，套入正面朝內的裡布袋，沿著邊緣縫合，從內裡返口翻到正面，用藏針縫（參照 p.35）縫合返口。

6. **製作袋蓋片：**將 O 環耳以粗針縫固定在外 B 布袋蓋上，對齊縫合裡外袋蓋片，翻到正面後熨燙返口處，直接對齊袋身後片袋蓋位置記號，縫合固定即完成。

2. 製作 O 環耳

3. 製作裡、外袋身　　＊裡、外袋身布片縫法相同

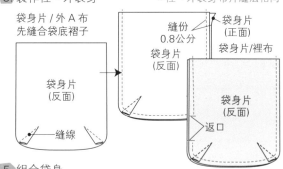

5. 組合袋身

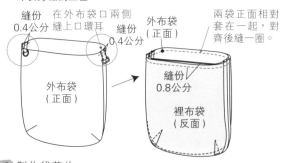

6. 製作袋蓋片

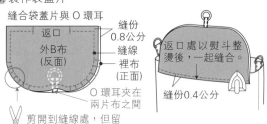

Casual Bag
文字書包

紙型檔名 **no.43**

Single Shoulder Casual Bag
肩背休閒包

紙型檔名 **no.44**

成品尺寸

整體 ✽ 寬 23.5 × 高 30 公分

材　料

共同材料：

外 A 布 ✽ 寬 55 × 高 37 公分 1 片

外 B 布 ✽ 寬 28 × 高 21 公分 1 片

裡布 ✽ 寬 83 × 高 33 公分 1 片

薄布襯 ✽ 寬 83 × 高 33 公分 1 片

口型環 ✽ 寬 2 公分 1 組

日型環 ✽ 寬 2 公分 1 組

包用織帶 ✽ 寬 2 × 長 140 公分 1 條

文字書包：

布標 ✽ 寬 6 × 高 4 公分 1 片

手縫磁釦 ✽ 直徑 1.5 公分 1 組

肩背休閒包：

布標 ✽ 寬 5.5 × 高 2.5 公分 1 片

織帶 ✽ 寬 1.5 × 長 30 公分 1 片

撞釘磁釦 ✽ 直徑 1.5 公分 1 組

做　法

前置作業：裁剪好所需的布片，按紙型中標示的記號，以粉圖筆等在布料上做摺疊所需的記號，再參照以下步驟操作。可調式肩背帶做法參照 p.30。

1. 貼合布襯：在兩片外 A 布袋身片、外 B 布袋蓋片反面貼合薄布襯。

2. 製作裡、外袋身：參照 p.182 做法 **3.**，並固定磁釦。

製作步驟

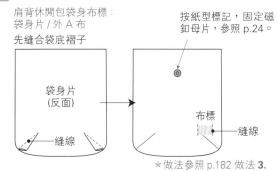

文字書包　　　　　肩背休閒包

3. 組合袋身：參照 p.182 做法 **5.**。

4. 製作袋蓋片：縫合布標或織帶在外 B 布正面後，對齊縫合裡外袋蓋片，翻到正面後熨燙返口處，直接對齊袋身後片袋蓋位置記號（參照 p.182 做法 **6.**），縫合固定並且縫上手縫或撞釘磁釦公釦即完成。

2. 製作裡、外袋身

肩背休閒包袋身布標：
袋身片 / 外 A 布
先縫合袋底褶子

按紙型標記，固定磁釦母片，參照 p.24。

袋身片
（反面）

布標

縫線

縫線

＊做法參照 p.182 做法 **3.**

4. 製作袋蓋片

文字書包袋蓋片布標：
袋蓋片 / 外 B 布

按紙型標記，先將布標縫合固定在外 B 布正面

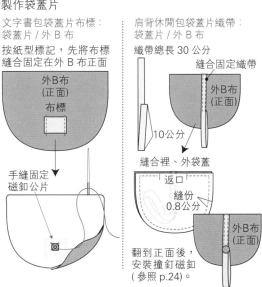

外B布
（正面）

布標

手縫固定
磁釦公片

肩背休閒包袋蓋片織帶：
袋蓋片 / 外 B 布

織帶總長 30 公分

縫合固定織帶

外B布
（正面）

10公分

縫合裡、外袋蓋

返口

縫份
0.8公分

外B布
（正面）

翻到正面後，
安裝撞釘磁釦
（ 參照 p.24）。

Quail Bag
小黑鳥包

紙型檔名 **no.45**

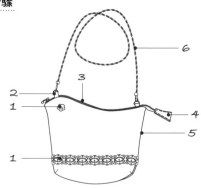

成品尺寸

整體 ＊ 寬 24× 高 17.5× 厚 5 公分

材　料

軟皮革 A ＊ 寬 28× 高 53× 厚 0.1 公分 1 片

軟皮革 B ＊ 寬 24× 高 23× 厚 0.1 公分 1 片

裡布 ＊ 寬 73× 高 24 公分 1 片

金屬造型鈕 ＊ 直徑約 1.5 公分 2 組

拼布拉鍊 ＊ 長 28 公分 1 條

O 型圈 ＊ 直徑 0.5 公分 1 組

D 型環 ＊ 直徑 1 公分 2 組

附鉤令屬肩帶 ＊ 粗約 0.5× 長 120 公分 1 條

線繩 ＊ 粗約 0.2× 長 16 公分 1 條

皮繩 ＊ 寬 0.3× 長 25 公分 2 條

　　　 寬 0.3× 長 50 公分 2 條

做　法

前置作業：裁剪好所需的布片，按紙型中標示的記號，以粉圖筆等在布料上做摺疊所需的記號，再參照以下步驟操作。

1. 固定蕾絲織帶與鳥眼：按照紙型標記，在兩片袋身片縫合蕾絲與木鈕。

2. 製作 D 環耳：縫合後套入 D 型環，並以粗針縫固定在袋身片。

3. 製作內口袋：正面朝內對摺縫合後，翻到正面後熨燙，縫合在袋身裡布。

4. 固定拉鍊：縫合拉鍊在袋口，拉鍊尾端縫合包覆，修飾成為小鳥的尾巴（參照 p.38 的邊緣袋口式拉鍊）。

5. 縫合袋身側邊與袋底：縫合袋身兩側邊與袋底，並在裡布留返口。

6. 袋身成型：翻到正面，縫合返口，鉤上金屬肩帶即成。

---

1. 固定蕾絲織帶與木鈕

袋身片 / 皮革

使用錐子在皮上穿 2 孔，再手縫固定木鈕。

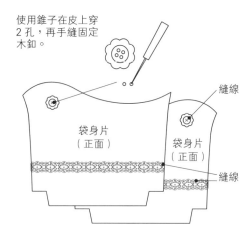

按照紙型標記，在兩片袋身片縫合蕾絲與木鈕。

小叮嚀

因為皮革比起布料來得厚且硬，縫合難度較高，可以先在縫份塗上南寶樹脂貼合固定皮革後再以縫紉機縫合。若是手縫，就必須在貼合固定後，先以皮革專用菱斬或者錐子，先在縫份上打出等距針孔後再縫合，比較容易且美觀（皮革縫法、菱斬介紹參照 p.27）。

2. 製作 D 環耳

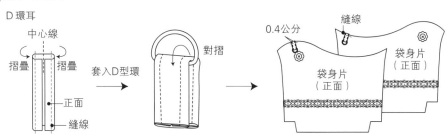

D 環耳

中心線
摺疊 摺疊
正面
縫線

套入D型環 →

對摺

→ 0.4公分
縫線
袋身片
（正面）
袋身片
（正面）

3. 製作內口袋

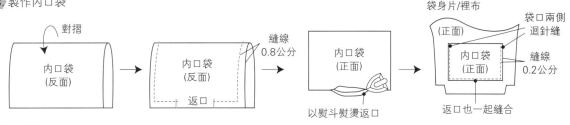

對摺

內口袋
（反面）

→ 內口袋
（反面）
縫線
0.8公分
返口

→ 內口袋
（正面）
以熨斗熨燙返口

→ 袋身片/裡布
（正面）
袋口兩側
迴針縫
內口袋
（正面）
縫線
0.2公分
返口也一起縫合

4. 固定拉鍊

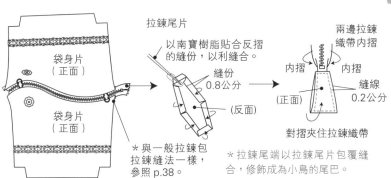

袋身片
（正面）

袋身片
（正面）

＊與一般拉鍊包
拉鍊縫法一樣，
參照 p.38。

拉鍊尾片

以南寶樹脂貼合反摺
的縫份，以利縫合。

縫份
0.8公分
（反面）

→ 兩邊拉鍊
織帶內摺
內摺 內摺
（正面）
縫線
0.2公分
對摺夾住拉鍊織帶

＊拉鍊尾端以拉鍊尾片包覆縫
合，修飾成為小鳥的尾巴。

5. 縫合袋身側邊與袋底

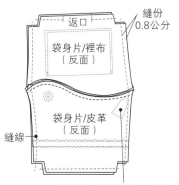

返口
縫份
0.8公分
袋身片/裡布
（反面）

袋身片/皮革
（反面）
縫線

將拉鍊尾端塞到袋身片中
間，確保不會被縫到。

6. 縫合袋底厚度

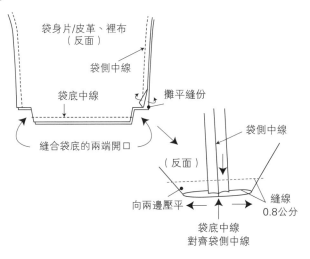

袋身片/皮革、裡布
（反面）

袋側中線

袋底中線
攤平縫份

縫合袋底的兩端開口

袋側中線

（反面）

向兩邊壓平

縫線
0.8公分

袋底中線
對齊袋側中線

7. 袋身成型

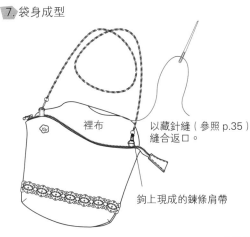

裡布

以藏針縫（參照 p.35）
縫合返口。

鉤上現成的鍊條肩帶

Orange Bird Bag
小橘鳥包

紙型檔名 **no.46**

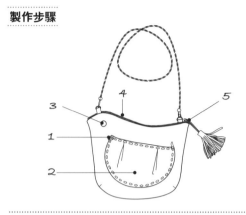

成品尺寸

整體＊寬 24×高 17.5×厚 5 公分

材　料

軟皮 A＊寬 28×高 53×厚 0.1 公分 1 片

軟皮 B＊寬 24×高 23×厚 0.1 公分 1 片

裡布＊寬 73×高 24 公分 1 片

金屬造型壓釦＊直徑約 1.5 公分 2 組

拼布拉鍊＊長 28 公分 1 條

O 型圈＊直徑 0.5 公分 1 組

D 型環＊直徑 1 公分 2 組

附鉤金屬肩帶＊粗約 0.5×長 120 公分 1 條

線繩＊粗約 0.2×長 16 公分 1 條

皮繩＊寬 0.3×長 25 公分 2 條

　　　寬 0.3×長 50 公分 2 條

做　法

前置作業：袋身片內、外等相關配件做法與 p.184 相同，皮縫外口袋、拉鍊頭做法如下：

1. 皮縫外口袋：摺疊褶子，用南寶樹脂貼合後反摺邊緣縫份，打線孔後以皮繩縫合。

2. 組合外口袋在袋身片上：將外口袋的袋底弧邊，貼合固定在袋身片正面，打線孔後以皮繩縫合。

3. 固定鳥眼：按照紙型標記，在兩片袋身使用金屬造型釦做為鳥眼，金屬造型壓釦做法參照 p.23。

4. 固定拉鍊：縫合拉鍊在袋口，拉鍊開頭固定在袋身尾部，拉鍊做法參照 p.38 的邊緣袋口式拉鍊。

5. 製作拉鍊頭：將粗約 0.2 公分、長 16 公分的線繩穿入拉鍊頭並對摺，做為圓心，將流蘇片搭配南寶樹脂一邊貼合、繞圈。

1. 皮縫外口袋

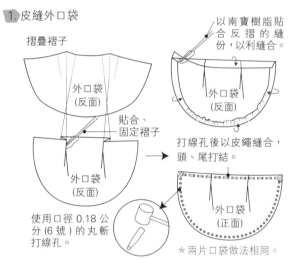

2. 組合外口袋在袋身片上

3. 固定鳥眼

5. 製作拉鍊頭

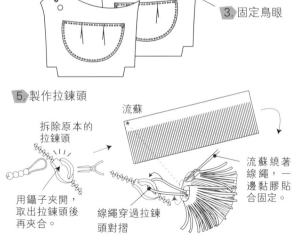

Bluebird Bag
青鳥包

紙型檔名 **no.47**

成品尺寸

整體＊寬 24× 高 17.5× 厚 5 公分

材　料

外 A 布＊寬 28× 高 46 公分 1 片

外 B 布＊寬 24× 高 30 公分 1 片

裡布＊寬 96× 高 24 公分 1 片

薄夾棉＊寬 53× 高 23 公分 1 片

木釦＊直徑約 1.5 公分 2 組

拼布拉鍊＊長 28 公分 1 條

D 型環＊直徑 1 公分 2 組

附鉤金屬肩帶＊粗約 0.5× 長 120 公分 1 條

蕾絲織帶＊寬約 2× 長 35 公分 2 條

做　法

前置作業：袋身片內、外等相關配件做法與 p.184 相同，其餘做法如下：

1. **貼合夾棉：**在袋身片外布反面貼合薄夾棉（參照 p.36）。

2. **製作外口袋：**重疊外口袋的外布與裡布片，摺疊褶子後縫合，將蕾絲織帶以粗針縫縮縫後固定在袋口，袋口包邊縫合後，固定在袋身片正面。

3. **固定鳥眼：**在兩片袋身片縫合木釦。

4. **固定拉鍊與包拉鍊尾片：**做法同 p.184 小黑鳥包。

縮縫織帶、袋口包邊

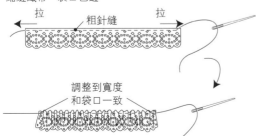

拉　　粗針縫　　拉

調整到寬度
和袋口一致

製作步驟

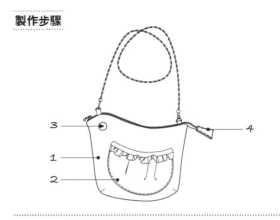

3　　　　　　　　4

1

2

2.製作外口袋

縫合裡、外片

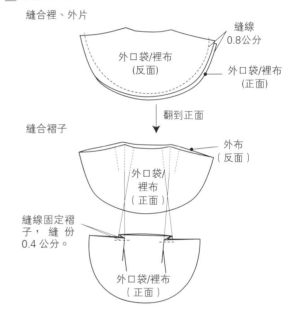

外口袋/裡布
（反面）

縫線
0.8公分

外口袋/裡布
（正面）

翻到正面

縫合褶子

外布
（反面）

外口袋/
裡布
（正面）

縫線固定褶
子，縫
份0.4 公分。

外口袋/裡布
（正面）

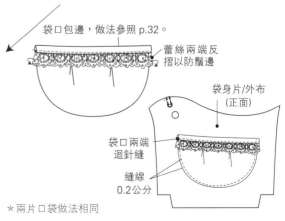

袋口包邊，做法參照 p.32。

蕾絲兩端反
摺以防鬚邊

袋身片/外布
（正面）

袋口兩端
迴針縫

縫線
0.2公分

＊兩片口袋做法相同

187

Croissant Wristlet Bag
可頌包

紙型檔名 **no.43**

成品尺寸

整體 ✳ 寬 27× 高 15.5 公分

腕帶 ✳ 總長 23 公分

材　料

外布 ✳ 寬 63× 高 23 公分 1 片

裡布 ✳ 寬 63× 高 18.5 公分 1 片

薄夾棉 ✳ 寬 60× 高 17 公分 1 片

一般拉鍊 ✳ 長 18 公分 1 條

D 型環 ✳ 直徑 1 公分 1 組

問號鉤 ✳ 寬 1 公分 1 組

固定釦 ✳ 直徑 0.6 公分 1 組

做　法

前置作業：裁剪好所需的布片，按紙型中標示的記號，以粉圖筆等在布料上做摺疊所需的記號，再參照以下步驟操作。

1. 貼合夾棉：在兩片袋身片外布反面貼合薄夾棉。

2. 製作 D 環耳和腕帶：將 D 環耳布片正面朝外，向內摺四等份後，直線縫合固定，套入 D 環後對摺，並縫於袋身外布。布腕帶做法參照 p.31。

3. 固定褶子：縫合袋身外布、裡布袋口的褶子。

4. 縫合拉鍊、袋身成型：縫合袋口拉鍊（參照 p.38），保持裡、外袋身反面朝外，以直線縫合袋身兩側邊和袋底，要在裡布預留返口，翻到正面後，以藏針縫（參照 p.35），縫合返口，鉤上腕帶（參照 p.31）或可調式肩背帶（參照 p.30）即完成。

製作步驟

2. 製作 D 環耳和腕帶　　　　　＊腕帶做法參照 p.31

D 環耳

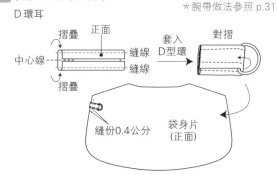

3. 固定褶子

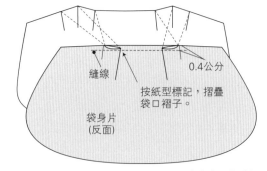

＊所有袋身片做法相同

4. 縫合拉鍊、袋身成型

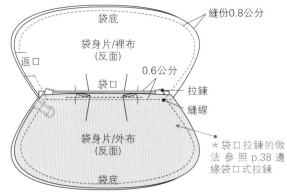

從返口翻到正面，以藏針縫（參照 p.35）縫合返口。

Croissant Shoulder Bag
可頌斜背包　　　紙型檔名 **no.73**

成品尺寸

整體＊寬 38×高 21 公分

材　料

外布＊寬 110×高 35 公分 1 片

裡布＊寬 90×高 26 公分 1 片

薄夾棉＊寬 90×高 24 公分 1 片

銅拉鍊＊長 25 公分 1 條

D 型環＊直徑 2 公分 2 組

日型環＊直徑 2 公分 1 組

問號鉤＊寬 2 公分 2 組

做　法

前置作業：裁剪好所需的布片，按紙型中標示的記號，以粉圖筆等在布料上做摺疊所需的記號，再參照以下步驟操作。

1. 貼合夾棉：在兩片袋身片外布反面貼合薄夾棉。

2. 製作 D 環耳和肩帶：將 D 環耳布片正面朝外，向內摺四等份後，直線縫合固定，套入 D 環後對摺，並縫於袋身外布兩側。可調式肩背帶做法參照 p.30。

3. 固定褶子：縫合袋身外布、裡布袋口褶子（參照 p188，做法 **3.**）。

4. 袋身成型、袋身成型：縫合袋口拉鍊（參照 p.38），保持裡、外袋身反面朝外，以直線縫合袋身兩側邊和袋底，要在裡布預留返口，翻到正面後，以藏針縫（參照 p.35）縫合返口，鉤上肩背帶即完成。

製作步驟

2. 製作 D 環耳和肩帶　　＊可調式肩背帶做法參照 p.30

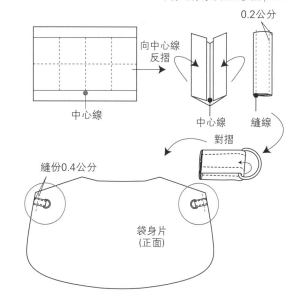

4. 縫合拉鍊、袋身成型

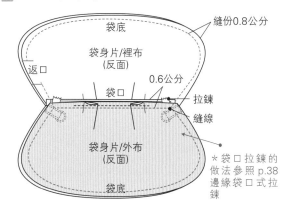

從返口翻到正面，以藏針縫（參照 p.35）縫合返口。

Tote Bag
托特包

紙型檔名 **no.49**

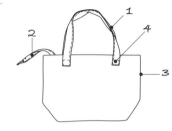

成品尺寸

整體＊寬 31.5× 高 20× 厚 12 公分

提把＊總長 38 公分

材　料

外布＊寬 95× 高 35 公分 1 片

裡布＊寬 53× 高 35 公分 1 片

一般拉鍊＊長 18 公分 1 條

問號鉤＊寬 1 公分 1 組

固定釦＊直徑 0.6 公分 1 組

做　法

前置作業：裁剪好所需的布片，按紙型中標示的記號，以粉圖筆等在布料上做摺疊所需的記號，再參照以下步驟操作。

1. 製作提把、製作 D 環帶：將提把布從正面向反面中心反摺四等份，以直線縫合固定，D 環帶做法相同。

2. 縫合袋身兩側：按紙型標記，將袋底反摺 5 公分，從反面縫合袋身外布、裡布雙側邊，在裡布預留返口，翻到正面後，用藏針縫（參照 p.35）縫合。

3. 固定提把：按紙型標記，固定袋身前後提把即完成。

1. 製作提把、製作 D 環帶

提把

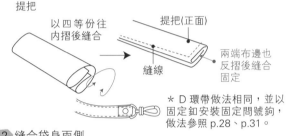

以四等份往內摺後縫合　縫線　提把(正面)

兩端布邊也反摺後縫合固定

＊D 環帶做法相同，並以固定釦安裝固定問號鉤，做法參照 p.28、p.31。

2. 縫合袋身兩側

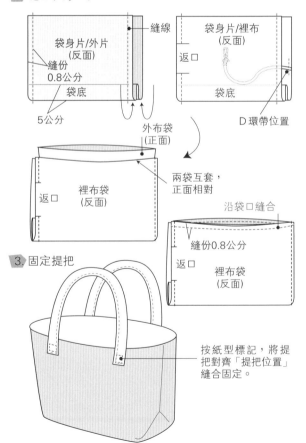

袋身片/外片（反面）　縫份 0.8公分　袋底　縫線

5公分

袋身片/裡布（反面）　返口　袋底　D 環帶位置

外布袋（正面）

裡布袋（反面）　返口

兩袋互套，正面相對

沿袋口縫合

縫份0.8公分　返口　裡布袋（反面）

3. 固定提把

按紙型標記，將提把對齊「提把位置」縫合固定。

Pleats Tote Bag
褶子手提袋　　　紙型檔名 **no.50**

Pleats Tote Bag
萬用手提袋　　　紙型檔名 **no.51**

成品尺寸

褶子手提袋：

整體＊寬 31.5× 高 42 公分

提把＊總長 24 公分

萬用手提袋：

整體＊寬 31.5× 高 39 公分

提把＊總長 24 公分

材　　料

外 A 布＊寬 89× 高 27 公分 1 片

外 B 布＊寬 41× 高 18.5 公分 1 片

外 C 布＊寬 83× 高 21 公分 1 片

做　　法

前置作業： 裁剪好所需的布片，按紙型中標示的記號，以粉圖筆等在布料上做摺疊所需的記號，再參照以下步驟操作。

1. 縫合袋身褶子： 摺疊並縫合袋身褶子。

2. 製作提把： 將提把正面朝內，對摺後距離邊緣 0.8 公分以直線縫合固定，翻面後熨燙定型。

3. 縫合前、後袋身： 將袋身片反面相對，對齊後距離邊緣 0.3 公分縫合袋側中心，翻到反面熨燙、摺疊縫份，在距離邊緣 0.5 公分處，再縫一次袋側中心線。

4. 袋口包邊布條： 袋口用包邊布條縫合（參照 p.32）。

5. 縫合提把、袋底： 將提把靠齊袋身兩側「袋側摺線」，以直線縫合固定，袋底包邊布條兩端反摺後，縫合固定袋底即完成。

製作步驟

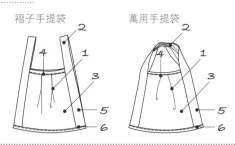

1. 縫合袋身褶子

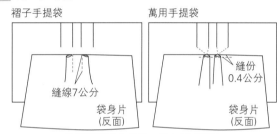

*按照紙型對位標記，縫合固定褶子。

2. 製作提把

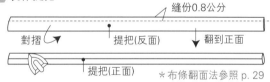

*布條翻面法參照 p. 29

3. 縫合前、後袋身　　　*兩款袋子做法相同

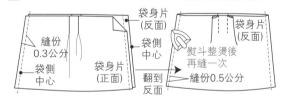

5. 縫合提把、袋底

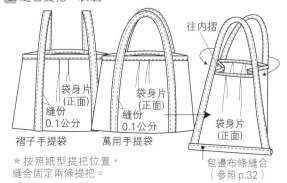

*按照紙型提把位置，縫合固定兩條提把。

Pleats Feminine Bag
縮褶淑女包
紙型檔名 **no.52**

Lace Feminine Bag
蕾絲淑女包
紙型檔名 **no.53**

成品尺寸
整體 ＊ 寬 25× 高 29 公分
提把 ＊ 總長 24 公分

材　　料
共用材料：
外 A 布 ＊ 寬 56× 高 22 公分 1 片
外 B 布 ＊ 寬 56× 高 9 公分 1 片
裡布 ＊ 寬 56× 高 22 公分 1 片
蕾絲淑女包：
蕾絲織帶 ＊ 寬 2× 長 15 公分 2 條
　　　　　寬 2× 長 82 公分 1 條
布標 ＊ 寬 4× 長 7 公分 1 片

做　　法
前置作業：裁剪好所需的布片，按紙型中標示的記號，以粉圖筆等在布料上做摺疊所需的記號，再參照以下步驟操作。

1. **縫合裡、外袋身**：將袋身片外布正面相對，從反面縫合ㄇ型袋身，裡布做法相同。
2. **縮縫袋口**：按紙型標記，將袋身片外布和裡布重疊，一起縮縫袋口到 13 公分。
3. **縫合袋口布邊**：袋口包邊條包覆布邊後直線縫合。
4. **縫合提把**：將提把接合點對齊袋側中心線，夾入袋側口布邊，以直線沿提把邊緣縫合一圈即完成。

＊蕾絲淑女包另需在做法 2. 按紙型標記，然後以粗針縫固定 15 公分長的蕾絲織帶，以及做法 4.。在縫合提把時，夾入袋側口布邊和長 82 公分的蕾絲織帶。

製作步驟

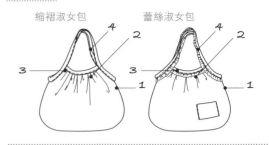

縮褶淑女包　　　蕾絲淑女包

1. 縫合裡、外袋身　　　　　　　　＊裡布袋做法相同

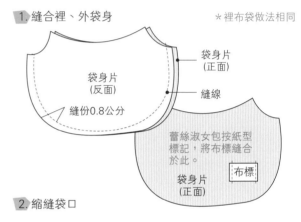

袋身片
(反面)

袋身片
(正面)

縫線

縫份0.8公分

蕾絲淑女包按紙型標記，將布標縫合於此。

布標

袋身片
(正面)

2. 縮縫袋口

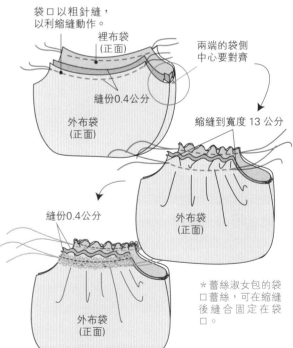

袋口以粗針縫，以利縮縫動作。

裡布袋
(正面)

兩端的袋側中心要對齊

縫份0.4公分

外布袋
(正面)

縮縫到寬度 13 公分

縫份0.4公分

外布袋
(正面)

外布袋
(正面)

＊蕾絲淑女包的袋口蕾絲，可在縮縫後縫合固定在袋口。

3. 縫合袋口布邊

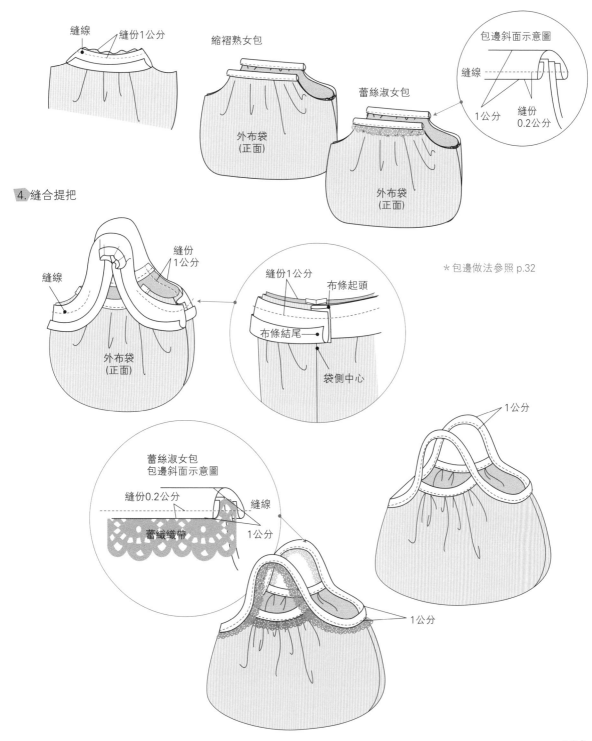

縫線　縫份1公分

縮褶熟女包

外布袋
（正面）

蕾絲淑女包

外布袋
（正面）

包邊斜面示意圖

縫線

1公分　縫份
0.2公分

4. 縫合提把

縫線

縫份
1公分

外布袋
（正面）

縫份1公分　布條起頭

布條結尾

袋側中心

＊包邊做法參照 p.32

1公分

蕾絲淑女包
包邊斜面示意圖

縫份0.2公分　縫線

蕾織織帶　1公分

1公分

Puff Bag
泡芙包

紙型檔名 no.54

成品尺寸

整體＊寬 30× 高 19× 厚 10 公分

材　　料

合成皮＊寬 72× 高 66 公分 1 片

裡布＊寬 110× 高 100 公分 1 片

撞釘磁釦＊直徑 0.7 公分 1 組

銅拉鍊＊長 25 公分 2 條

雞眼＊直徑 1.7 公分 8 組

附鉤金屬肩帶＊粗約 0.5× 長 120 公分 1 條

固定釦＊直徑 0.6 公分 4 組

口型環＊寬 2.5 公分 2 組

做　　法

前置作業：裁剪好所需的皮革和布片，按紙型中標示的記號，以粉圖筆等在皮革和布料上做摺疊所需的記號，再參照以下步驟操作。

1. 製作提把、提把口環：提把布片正面朝外，按紙型標記，兩端反摺後縫合。提把口環耳則是將各邊反摺，套入口型環對摺，距離 0.2 公分沿邊縫合固定在袋身外片袋蓋位置。

2. 縫合袋身裡、外布片：合成皮袋身朝上，裡布正面朝合成皮袋身，對齊後沿邊縫合，在袋口處留返口。

3. 製作拉鍊口袋：先固定兩條拉鍊（參照 p.38），然後從反面縫合兩袋側，留返口翻到正面，用藏針縫（參照 p.35）縫合返口。

4. 組合袋身、安裝雞眼、轉釦：按紙型記號，將袋身、拉鍊口袋對應的點對齊後打洞，以雞眼固定，然後安裝轉釦在袋蓋與袋身上。

5. 安裝金屬肩帶：將現成的金屬肩帶兩端的問號鉤，鉤住包包兩側雞眼即完成。

製作步驟

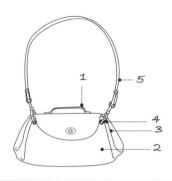

1. 製作提把、提把口環

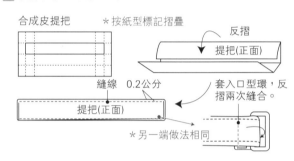

合成皮提把　　＊按紙型標記摺疊

反摺

提把(正面)

縫線　0.2公分

套入口型環，反摺兩次縫合。

提把(正面)

＊另一端做法相同

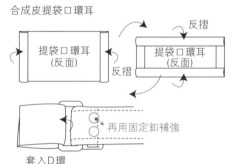

合成皮提袋口環耳

反摺

提袋口環耳(反面)　　提袋口環耳(反面)

反摺

再用固定釦補強

套入D環後對摺

按照紙型標記，將提袋口環耳縫合在袋蓋上。

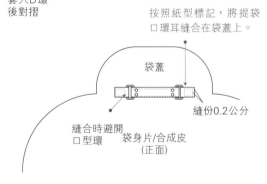

袋蓋

縫份0.2公分

縫合時避開口型環

袋身片/合成皮(正面)

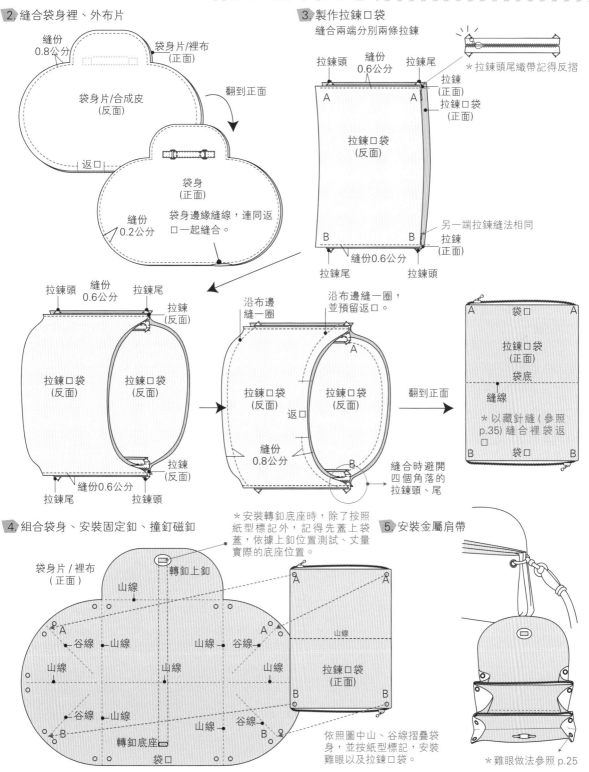

② 縫合袋身裡、外布片

縫份
0.8公分

袋身片/裡布
(正面)

袋身片/合成皮
(反面)

翻到正面

返口

袋身
(正面)

縫份
0.2公分

袋身邊緣縫線,連同返
口一起縫合。

③ 製作拉鍊口袋
縫合兩端分別兩條拉鍊

拉鍊頭　縫份　拉鍊尾
0.6公分

＊拉鍊頭尾織帶記得反摺

拉鍊
(正面)
拉鍊口袋
(正面)

A　　A

拉鍊口袋
(反面)

B　　B

另一端拉鍊縫法相同
拉鍊
(正面)

縫份0.6公分
拉鍊尾　　拉鍊頭

拉鍊頭　縫份　拉鍊尾
0.6公分

拉鍊
(反面)

拉鍊口袋
(反面)

拉鍊口袋
(反面)

拉鍊
(反面)
縫份0.6公分

拉鍊尾　　拉鍊頭

沿布邊
縫一圈

拉鍊口袋
(反面)

返口

縫份
0.8公分

沿布邊縫一圈,
並預留返口。

A

拉鍊口袋
(反面)

B

縫合時避開
四個角落的
拉鍊頭、尾

翻到正面

A　　袋口　　A

拉鍊口袋
(正面)

袋底

縫線

＊以藏針縫(參照
p.35)縫合裡袋返
口

B　　袋口　　B

④ 組合袋身、安裝固定釦、撞釘磁釦

＊安裝轉釦底座時,除了按照
紙型標記外,記得先蓋上袋
蓋,依據上釦位置測試、丈量
實際的底座位置。

袋身片 / 裡布
(正面)

轉釦上釦

山線

山線 A

谷線　山線　　　山線　谷線

山線　　　　山線　　　　山線

谷線　山線　　　　　山線

轉釦底座

袋口

A　　A

山線

拉鍊口袋
(正面)

B　　B

依照圖中山、谷線摺疊袋
身,並按紙型標記,安裝
雞眼以及拉鍊口袋。

⑤ 安裝金屬肩帶

＊雞眼做法參照 p.25

Easy Tote Bag
輕便托特包

紙型檔名 **no.55**

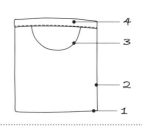

成品尺寸

整體＊寬 25.5× 高 28 公分

材　料

外 A 布＊寬 56× 高 34 公分 1 片
外 B 布＊寬 55× 高 12 公分 1 片
裡布＊寬 56× 高 34 公分 1 片

做　法

前置作業：裁剪好所需的布片，按紙型中標示的記號，以粉圖筆等在布料上做摺疊所需的記號，再參照以下步驟操作。

1. 縫合袋底：袋身片正面相對、對齊，從反面先縫合袋底，再按紙型標記，將袋底內摺到袋底摺線處，裡布做法相同。

2. 縫合袋側：將兩邊袋側以直線縫合。

3. 縫合袋口：外布袋身翻到正面，套入反面朝外的裡布袋，對齊袋口後，沿著半圓形袋口縫合，然後翻到正面熨燙。

4. 製作包邊提把：將提把兩端正面相對，從反面對齊，將兩端以距離邊緣 0.8 公分縫合，並用熨斗將提把布條正面向中心反摺四等份，再按紙型對位記號和袋口對齊，縫合即完成。

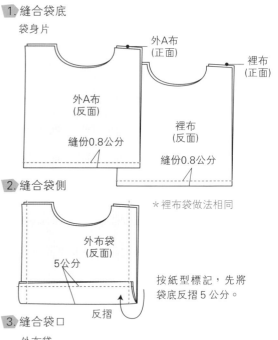

1. 縫合袋底

袋身片

外A布
(正面)

裡布
(正面)

外A布
(反面)

裡布
(反面)

縫份0.8公分

縫份0.8公分

＊裡布袋做法相同

2. 縫合袋側

外布袋
(反面)

5公分

反摺

按紙型標記，先將
袋底反摺 5 公分。

3. 縫合袋口

外布袋
(反面)

縫份
0.8公分

縫線

返口

裡布袋
(反面)

包邊斜面示意圖

縫線

2.5公分

縫份
0.2公分

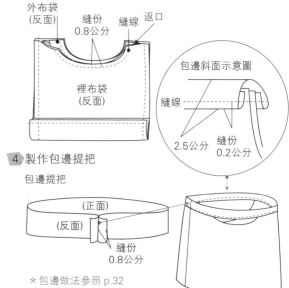

4. 製作包邊提把

包邊提把

(正面)

(反面)

縫份
0.8公分

＊包邊做法參照 p.32

Print Easy Tote Bag
印花輕便包 　　紙型檔名 no.56

製作步驟

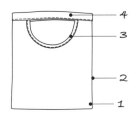

成品尺寸

整體 ✲ 寬 25.5 × 高 28 公分

材　料

外 A 布 ✲ 寬 56 × 高 34 公分 1 片
外 B 布 ✲ 寬 55 × 高 40 公分 1 片
裡布 ✲ 寬 56 × 高 34 公分 1 片

做　法

前置作業：裁剪好所需的布片，按紙型中標示的記號，以粉圖筆等在布料上做摺疊所需的記號，再參照以下步驟操作。

1. **縫合袋底：**圖解參照 p.196 做法 **1.**。
2. **縫合袋側：**圖解參照 p.196 做法 **2.**。
3. **袋口包邊：**外布袋身翻到正面，套入反面朝外的裡布袋，對齊袋口後，沿著半圓形袋口縫合包覆，縫合包邊條。
4. **製作提把：**圖解參照 p.196 做法 **4.**。

3. 袋口包邊

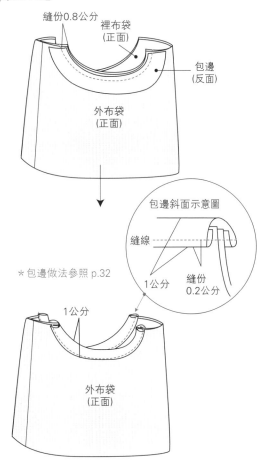

* 包邊做法參照 p.32

Two-way Tote Bag
兩用印花包

紙型檔名 **no.57**

成品尺寸

肩背 ＊ 寬 29× 高 34.5× 厚 5 公分

手提 ＊ 寬 28.5× 高 20.5× 厚 5 公分

提把 ＊ 總長 51 公分

材 料

外 A 布 ＊ 寬 65× 高 33 公分 1 片

外 B 布 ＊ 寬 35× 高 22 公分 1 片

裡布 ＊ 寬 65× 高 42 公分 1 片

肩帶用織帶 ＊ 寬 2× 長 45 公分 2 條

提把用織帶 ＊ 寬 2× 長 55 公分 2 條

固定釦 ＊ 直徑 0.8 公分 4 組

做 法

前置作業：裁剪好所需的布片，按紙型中標示的記號，以粉圖筆等在布料上做摺疊所需的記號，再參照以下步驟操作。

1. 拼接外袋身片：將袋身片正面朝上，袋底片正面朝袋身片，從反面縫合固定，另一片則以相同方式接在袋底片另一端。

2. 固定肩帶、提把：將兩條長 55 公分提把織帶分別固定在袋身片前、後的「提把位置」，並且在提把和袋身交接處釘固定釦，袋口處則固定長 45 公分的肩帶。

3. 縫合袋身：將外袋身和袋身裡布分別縫合成袋，並於裡布預留返口。

4. 袋身成型：外布袋翻到正面，套入反面朝外的裡布袋，沿著袋口縫一圈，從裡布返口翻到正面後熨燙，再用藏針縫（參照 p.35）縫合返口即完成。

製作步驟

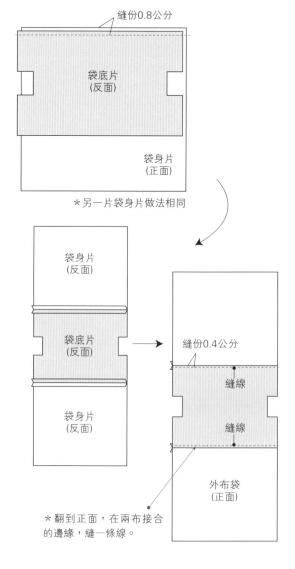

1. 拼接外袋身片

*另一片袋身片做法相同

*翻到正面，在兩布接合的邊緣，縫一條線。

2. 固定提把

縫份0.4公分

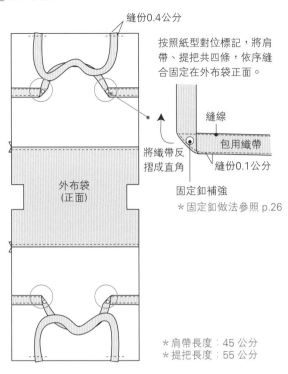

按照紙型對位標記,將肩帶、提把共四條,依序縫合固定在外布袋正面。

縫線

包用織帶

縫份0.1公分

將織帶反摺成直角

固定釦補強

＊固定釦做法參照 p.26

外布袋
(正面)

外布袋
(反面)

＊肩帶長度:45 公分
＊提把長度:55 公分

3. 縫合袋身

縫合兩側

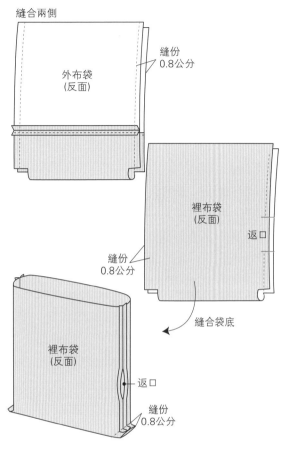

縫份
0.8公分

外布袋
(反面)

裡布袋
(反面)

返口

縫份
0.8公分

縫合袋底

裡布袋
(反面)

返口

縫份
0.8公分

4. 袋身成型

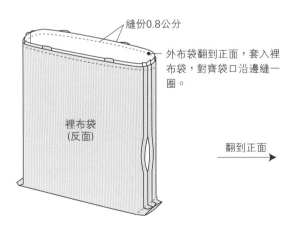

縫份0.8公分

外布袋翻到正面,套入裡布袋,對齊袋口沿邊縫一圈。

裡布袋
(反面)

翻到正面

縫份0.4公分

縫線

＊翻到正面後,在袋口縫一圈裝飾線後,以藏針縫(參照 p.35)縫合裡布袋返口。

Two-way Denim Bag
兩用丹寧包

紙型檔名 **no.53**

成品尺寸

肩背 ＊ 寬 29× 高 34.5× 厚 5 公分

手提 ＊ 寬 28.5× 高 20.5× 厚 5 公分

提把 ＊ 總長 43 公分

材　料

外 A 布 ＊ 寬 65× 高 17 公分 1 片

外 B 布 ＊ 寬 35× 高 50 公分 1 片

裡布 ＊ 寬 65× 高 42 公分 1 片

肩帶用織帶 ＊ 寬 2.5× 長 45 公分 2 條

提把用織帶 ＊ 寬 2.5× 長 55 公分 2 條

固定釦 ＊ 直徑 0.8 公分 12 組

做　法

前置作業：裁剪好所需的布片，按紙型中標示的記號，以粉圖筆等在布料上做摺疊所需的記號，再參照以下步驟操作。

1. **拼接外袋身片：**圖解參照 p.198 做法 **1.**。

2. **固定肩帶、提把：**將兩條長 55 公分提把織帶分別固定在袋身片前、後的「提把位置」，並且在提把和袋身交接處釘固定釦，袋口處則固定長 45 公分的肩帶。

3. **縫合袋身：**圖解參照 p.199 做法 **3.**。

4. **袋身成型：**圖解參照 p.199 做法 **4.**。

製作步驟

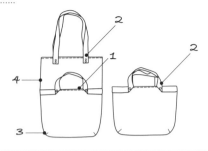

1. 拼接外袋身片

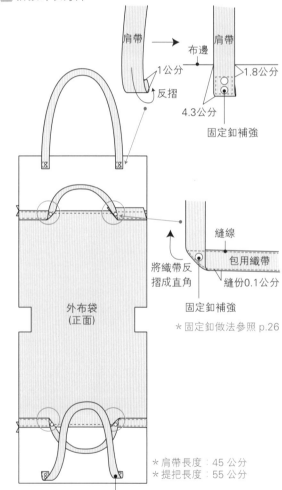

肩帶

肩帶

布邊

1公分

反摺

1.8公分

4.3公分

固定釦補強

縫線

包用織帶

縫份0.1公分

將織帶反摺成直角

固定釦補強

＊固定釦做法參照 p.26

外布袋（正面）

＊肩帶長度：45 公分

＊提把長度：55 公分

袋口在與內袋縫合過程，要留意避開肩帶。

Two-way Alphabet Tote Bag
字母兩用袋 紙型檔名 **no.59**

成品尺寸

手提＊寬 29× 高 34.5× 厚 5 公分
斜肩背＊寬 29× 高 20.5× 厚 5 公分
提把＊總長 25 公分

材　料

外 A 布＊寬 65× 高 17 公分 1 片
外 B 布＊寬 37× 高 50 公分 1 片
裡布＊寬 65× 高 42 公分 1 片
肩背用織帶＊寬 2.5× 長 120 公分 1 條
提把用織帶＊寬 2.5× 長 110 公分 1 條
固定釦＊直徑 0.8 公分 4 組
D 型環＊寬 1 公分 2 組
日型環＊寬 2.5 公分 1 組
問號鉤＊寬 2.5 公分 2 組
布標＊寬 1.5× 長 5 公分 1 片

做　法

前置作業：裁剪好所需的布片，按紙型中標示的記號，以粉圖筆等在布料上做摺疊所需的記號，再參照以下步驟操作。

1. 製作 D 環耳：將 D 環耳布片正面朝外，向內摺四等份後，直線縫合固定，套入 D 環後對摺，備用。

2. 拼接外袋身片：先縫合袋底片成袋型，在兩袋側固定 D 環耳，將袋身片兩側接縫後，與袋底縫合。

3. 縫合袋身：圖解參照 p.199 做法 **3.**。

4. 袋身成型：圖解參照 p.199 做法 **4.**。

5. 固定提把、製作可調式肩背帶：將長 110 公分提把織帶固定在袋口「提把位置」，織帶接合處縫上布標裝飾，並且安裝固定釦，在 D 環耳鉤上背帶即完成。可調式肩背帶做法參照 p.30。

製作步驟

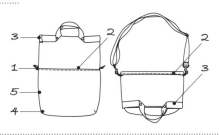

1. 製作 D 環耳

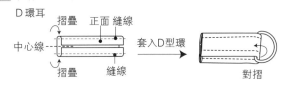

2. 拼接外袋身片

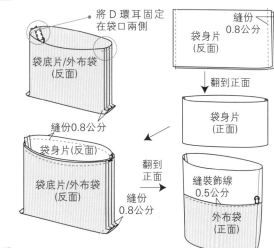

5. 固定提把、製作可調式肩背帶

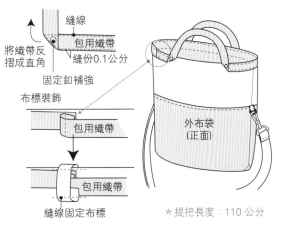

＊提把長度：110 公分

Frame Makeup Handbag
提把化妝包

紙型檔名 **no.60**

成品尺寸

整體 ＊ 寬 24.5 × 高 13.5 × 厚 12 公分

材　料

外 A 布 ＊ 寬 22.5 × 高 26 公分 1 片

外 B 布 ＊ 寬 53 × 高 27 公分 1 片

裡布 ＊ 寬 49 × 高 38.5 公分 1 片

薄夾棉 ＊ 寬 47 × 高 35 公分 1 片

支架口金框 ＊ 寬 20 公分 1 組

織帶 ＊ 寬 2.5 × 長 15 公分 1 條

固定釦 ＊ 直徑 0.6 公分 2 組

撞釘磁釦 ＊ 直徑 0.7 公分 1 組

現成皮製提把 ＊ 總長約 40 公分 1 組

做　法

前置作業：裁剪好所需的布片，按紙型中標示的記號，以粉圖筆等在布料上做摺疊所需的記號，再參照以下步驟操作。

1. 拼接外袋身片：將袋身片正面朝上，袋底片正面朝袋身片，從反面縫合固定，另一片則以相同方式接在袋底片另一端。

2. 貼合夾棉：在接縫後的袋身片反面，貼合薄夾棉。

3. 縫合袋身：將外袋身、袋側片和裡布分別縫合成袋。

4. 組合袋身：將裡布袋正面朝內，套入正面朝外的外布袋，按紙型標記反摺袋口和縫份，縫合兩端車止點間的布邊，縫線頭尾記得迴針。

5. 安裝支架口金框：從車止點旁的縫隙穿入口金框，並縫合口金框出、入口。

6. 安裝撞釘磁釦、釦耳：按紙型標記，使用固定釦固定 15 公分織帶於袋身後片，另一端安裝撞釘磁釦的公片，袋身前片則安裝磁釦母片。

製作步驟

7. 安裝提把：在袋口處以手縫平針縫（參照 p.35）縫合現成皮製提把即完成。

1. 拼接外袋身片

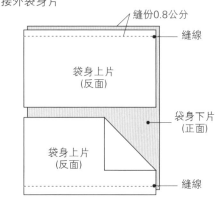

縫份0.8公分
縫線
袋身上片
（反面）
袋身下片
（正面）
袋身上片
（反面）
縫線

2. 貼合夾棉

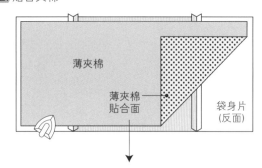

薄夾棉
薄夾棉
貼合面
袋身片
（反面）

翻到正面

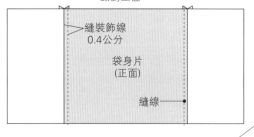

縫裝飾線
0.4公分
袋身片
（正面）
縫線

Frame Makeup Bag
口金化妝包 　紙型檔名 no.61

製作步驟

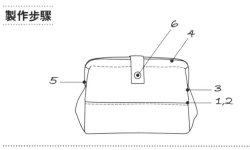

成品尺寸

整體 ＊ 寬 24.5× 高 13.5× 厚 12 公分

材　　料

外 A 布 ＊ 寬 53× 高 26 公分 1 片
外 B 布 ＊ 寬 22.5× 高 27 公分 1 片
裡布 ＊ 寬 49× 高 38.5 公分 1 片
薄夾棉 ＊ 寬 47× 高 35 公分 1 片
支架口金框 ＊ 寬 20 公分 1 組
織帶 ＊ 寬 2× 長 15 公分 1 條
固定釦 ＊ 直徑 0.8 公分 1 組
撞釘磁釦 ＊ 直徑 0.7 公分 1 組

做　　法

前置作業：裁剪好所需的布片，按紙型中標示的記號，以粉圖筆等在布料上做摺疊所需的記號，再參照以下步驟操作。

1. **拼接外袋身片：**圖解參照 p.202 做法 **1.**。
2. **貼合夾棉：**圖解參照 p.202 做法 **2.**。
3. **縫合袋身：**圖解參照 p.202 做法 **3.**。
4. **組合袋身：**圖解參照 p.202 做法 **4.**。
5. **安裝支架口金框：**圖解參照 p.202 做法 **5.**。
6. **安裝撞釘磁釦、釦耳：**圖解參照 p.202 做法 **6.**。

3. 縫合袋身

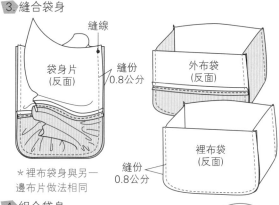

＊裡布袋身與另一邊布片做法相同

6. 安裝撞釘磁釦、釦耳

按紙型對位標記，安裝釦耳與固定釦。

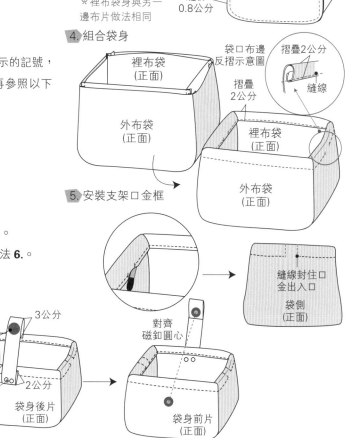

安裝撞釘磁釦公片，做法參照 p.24。

參照紙型：
＊直徑 0.6 公分固定釦釘 2 組
＊直徑 0.8 公分固定釦釘 1 組

M Design Frame Bag
M型口金包

紙型檔名 no.62

成品尺寸

整體 ＊ 寬 30.5 × 高 21 × 厚 19.5 公分

材　　料

外 A 布 ＊ 寬 32 × 高 25 公分 1 片
外 B 布 ＊ 寬 45 × 高 45 公分 1 片
裡布 ＊ 寬 58 × 高 51 公分 1 片
薄夾棉 ＊ 寬 54 × 高 48 公分 1 片
M 型口金框 ＊ 寬 19 公分 1 組

做　　法

前置作業： 裁剪好所需的布片，按紙型中標示的記號，以粉圖筆等在布料上做摺疊所需的記號，再參照以下步驟操作。

1. 貼合夾棉： 在所有外布反面貼合薄夾棉。

2. 拼接外袋身片： 先縫合袋口片兩側，縮縫袋身片後，以正面相對，從反面縫合袋身片和袋口片，裡布做法相同。

3. 縫合袋口： 將外袋反面朝外，套入正面朝內的裡袋，以 0.8 公分縫份縫合袋口，並預留返口。

4. 安裝口金框： 翻到正面後，用藏針縫（參照 p.35）縫合返口，套入口金框軌道中，然後從口金框中間開始向外縫合且固定袋身，過程中需縮縫袋口。

製作步驟

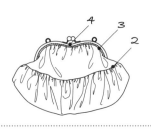

2. 拼接外袋身片

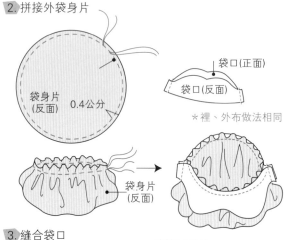

袋身片（反面） 0.4公分

袋口（正面）
袋口（反面）

＊裡、外布做法相同

袋身片（反面）

3. 縫合袋口

縫份0.8公分

裡布袋（反面） 返口

4. 安裝口金框

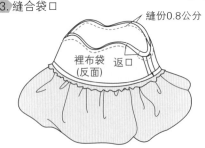

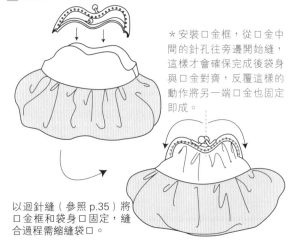

＊安裝口金框，從口金中間的針孔往旁邊開始縫，這樣才會確保完成後袋身與口金對齊，反覆這樣的動作將另一端口金也固定即成。

以迴針縫（參照 p.35）將口金框和袋身口固定，縫合過程需縮縫袋口。

Frame Clutch Bag
珠釦口金包
紙型檔名 no.63

Chain Shoulder Frame Bag
肩背口金包
紙型檔名 no.64

成品尺寸
整體 ✳ 寬 29× 高 22.5 公分

材　料
共同材料：
外布 ✳ 寬 67× 高 26 公分 1 片
裡布 ✳ 寬 67× 高 26 公分 1 片
薄夾棉 ✳ 寬 67× 高 26 公分 1 片
珠釦口金包：
弧形口金框 ✳ 寬 18.5 公分 1 組
肩背口金包：
附接環弧形口金框 ✳ 寬 18.5 公分 1 組
附鉤金屬肩帶 ✳ 粗約 0.5× 長 120 公分 1 條

做　法
前置作業： 裁剪好所需的布片，按紙型中標示的記號，以粉圖筆等在布料上做摺疊所需的記號，再參照以下步驟操作。

1. 貼合夾棉： 在所有外布反面貼合薄夾棉。

2. 縫合袋身： 分別將袋身外布、裡布各自縫成袋型，並於裡布預留返口。

3. 縫合袋口： 將外袋反面朝外，套入正面朝內的裡袋，以 0.8 公分縫份縫合袋口。

4. 安裝口金框： 翻到正面後，套入口金框軌道中，並從口金框中間開始向外縫合且固定袋身，過程中需縮縫袋口，最後用藏針縫（參照 p.35）縫合返口即完成，附有接環的口金框，可鉤上現成的金屬鍊條肩帶。

製作步驟

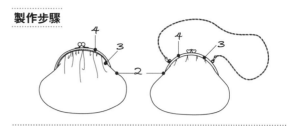

2. 縫合袋身

（正面）
縫份
0.8公分
（反面）
縫線
＊裡、外布做法相同

3. 縫合袋口

將外布袋翻到正面朝外後，套入裡袋中。

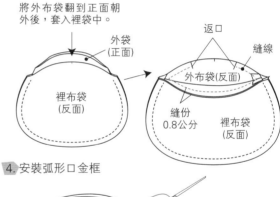

返口
外袋
（正面）
縫線
外布袋(反面)
裡布袋
（反面）
縫份
0.8公分
裡布袋
（反面）

4. 安裝弧形口金框

翻到正面後，將返口處以藏針縫縫合。

＊藏針縫參照 p.35

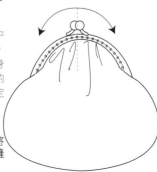

＊安裝口金框，從口金中間的針孔往旁邊開始縫，這樣才會確保完成後袋身與口金對齊，反覆這樣的動作將另一端口金也固定即成。

以迴針縫（做法 p.35）將口金框和袋身固定，縫合過程需縮縫袋口。

Lace Flower Bag
蕾絲花包

紙型檔名 no.65

製作步驟

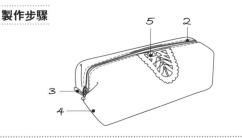

成品尺寸

整體 ＊ 寬 23 × 高 8 × 厚 8 公分

材　料

外布 ＊ 寬 71 × 高 18 公分 1 片
裡布 ＊ 寬 66 × 高 18 公分 1 片
薄夾棉 ＊ 寬 66 × 高 18 公分 1 片
銅拉鍊 ＊ 寬 30 公 1 條
棉製蕾絲片 ＊ 形狀、大小適當 1 片

做　法

前置作業：裁剪好所需的布片，按紙型中標示的記號，以粉圖筆等在布料上做摺疊所需的記號，再參照以下步驟操作。

1. 貼合夾棉：在所有外布反面貼合薄夾棉。

2. 固定拉鍊：縫合袋口拉鍊可參照 p.42。

3. 製作拉鍊耳：兩長邊向內摺 0.8 公分後再對摺，從正面以直線縫合固定，對摺後以粗針縫固定在袋身片的兩端袋側、拉鍊兩端位置。

4. 縫合袋身：按紙型標記，分別在反面摺疊外袋和內袋，以直線縫合固定兩袋側，翻到正面後再用藏針縫（參照 p.35）縫合返口。

5. 縫合蕾絲片：在袋身外面縫合裝飾用蕾絲片即完成。

5. 縫合蕾絲片

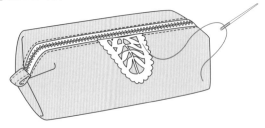

＊以藏針縫（參照 p.35）縫合蕾絲

2. 固定拉鍊

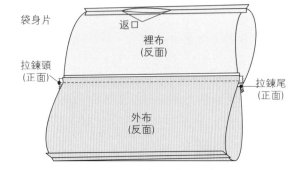

袋身片　返口　裡布（反面）　拉鍊頭（正面）　拉鍊尾（正面）　外布（反面）

＊縫合袋口拉鍊可參照 p.42

3. 製作拉鍊耳

中心線　摺疊　正面　縫線　正面　對摺　外布（正面）　縫份 0.4 公分　摺疊　縫線　拉鍊耳

4. 縫合袋身

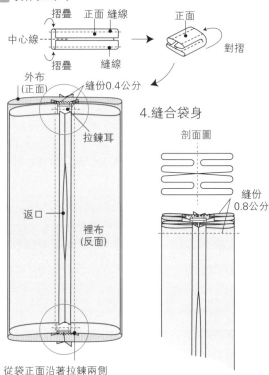

剖面圖　縫份 0.8 公分　返口　裡布（反面）

從袋正面沿著拉鍊兩側布邊，各縫一條固定內部縫份的裝飾線。　＊另一端袋側摺法、縫法相同

Denim Check Bag
丹寧格紋袋　　紙型檔名 **no.**66

成品尺寸

整體＊寬 25.5× 高 20× 厚 9 公分

材　　料

外 A 布＊寬 56× 高 18 公分 1 片
外 B 布＊寬 28× 高 21 公分 1 片
裡布＊寬 52× 高 28 公分 1 片
薄夾棉＊寬 51× 高 27 公分 1 片
銅拉鍊＊寬 25 公分 1 條

做　　法

前置作業： 裁剪好所需的布片，按紙型中標示的記號，以粉圖筆等在布料上做摺疊所需的記號，再參照以下步驟操作。

1. 拼接外袋身片： 將袋身上片正面朝上，袋身下片正面朝袋身下片，從反面縫合固定，另一片則以相同方式接在袋底片另一端。

2. 貼合夾棉： 在袋身外片背面熨燙貼合薄夾棉。

3. 固定拉鍊： 縫合袋口拉鍊參照 p.42。

4. 縫合袋身兩側和抓底： 從反面縫合袋身外布、裡布雙側邊，在裡布預留返口，並按紙型標示，抓出 2.5 公分側邊底部縫合後，翻到正面後熨燙，用藏針縫（參照 p.35）縫合返口即完成。

製作步驟

1. 拼接外袋身片

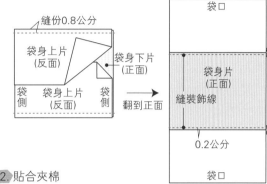

縫份0.8公分
袋身上片（反面）
袋身下片（正面）
袋側　袋身上片（反面）　袋側
翻到正面

袋口
袋身片（正面）
縫裝飾線
0.2公分
袋口

2. 貼合夾棉

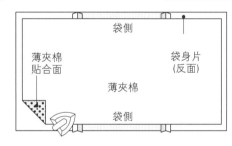

袋側
薄夾棉貼合面
袋身片（反面）
薄夾棉
袋側

3. 固定拉鍊

袋身片

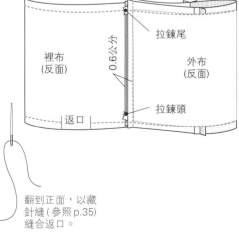

裡布（反面）
0.6公分
拉鍊尾
外布（反面）
返口
拉鍊頭

4. 縫合袋身兩側和抓底

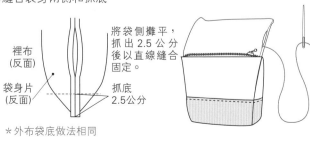

裡布（反面）
袋身片（反面）

將袋側攤平，抓出 2.5 公分後以直線縫合固定。

抓底 2.5公分

＊外布袋底做法相同

翻到正面，以藏針縫（參照 p.35）縫合返口。

Dots Tote Bag
圓點托特包 紙型檔名 no.67

成品尺寸
整體＊寬 29× 高 17× 厚 11 公分
提把＊總長 25 公分

材　料
外布＊寬 65× 高 41 公分 1 片
裡布＊寬 65× 高 26 公分 1 片
薄夾棉＊寬 65× 高 26 公分 1 片
一般拉鍊＊寬 30 公分 1 條
包用織帶＊寬 4× 長 40 公分 1 條

做　法
前置作業：裁剪好所需的布片，按紙型中標示的記號，以粉圖筆等在布料上做摺疊所需的記號，再參照以下步驟操作。

1. 貼合夾棉：在袋身片裡布反面貼合薄夾棉。

2. 固定拉鍊、包布：拉鍊布片兩片為一組，正面相對，左右兩端反摺 0.8 公分，將拉鍊織帶夾於中間，以直線縫合固定，另一邊做法相同，頭、尾拉鍊織帶則以拉鍊包布縫合。

3. 製作裡、外袋身：分別將袋身片外布、裡布各自縫合成袋型，在裡袋預留返口。

4. 組合袋口和袋身：將袋口片兩端，正面相對以直線縫合固定，翻到正面後，套入正面朝內的外布袋與正面朝外的裡布袋，對齊後沿著邊緣，以直線縫合一圈，再翻到正面。

5. 固定提把：按紙型標記，將織帶兩端反摺 2 公分，縫合固定在袋身上，然後以固定釦補強，最後用藏針縫（參照 p.35）縫合返口即完成。

製作步驟

2. 固定拉鍊、包布

在拉鍊織帶上畫出對位記號

中心線
拉鍊布片(正面)
拉鍊(反面)

將拉鍊與拉鍊布片接合

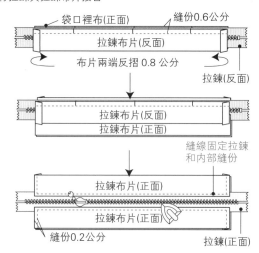

袋口裡布(正面)　縫份0.6公分
拉鍊布片(反面)
布片兩端反摺 0.8 公分
拉鍊(反面)

拉鍊布片(反面)
拉鍊布片(正面)

縫線固定拉鍊和內部縫份

拉鍊布片(正面)
拉鍊布片(正面)
縫份0.2公分
拉鍊(正面)

在拉鍊兩端縫上包布

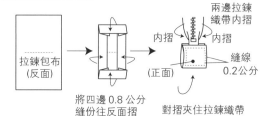

拉鍊包布(反面)
將四邊 0.8 公分縫份往反面摺
(正面)
對摺夾住拉鍊織帶
兩邊拉鍊織帶內摺
內摺　內摺
縫線 0.2公分

3. 製作裡、外袋身

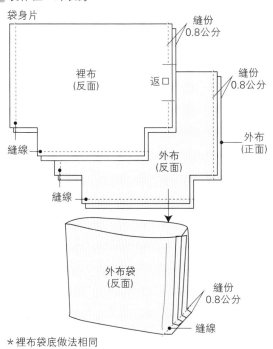

袋身片

縫份
0.8公分

裡布
(反面)

返口

縫份
0.8公分

縫線

外布
(反面)

外布
(正面)

縫線

外布袋
(反面)

縫份
0.8公分

縫線

＊裡布袋底做法相同

5. 固定提把

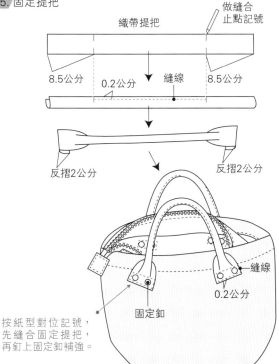

織帶提把

做縫合
止點記號

8.5公分　　0.2公分　　縫線　　8.5公分

反摺2公分　　　　　反摺2公分

縫線

固定釦

0.2公分

按紙型對位記號，
先縫合固定提把，
再釘上固定釦補強。

4. 組合袋口和袋身

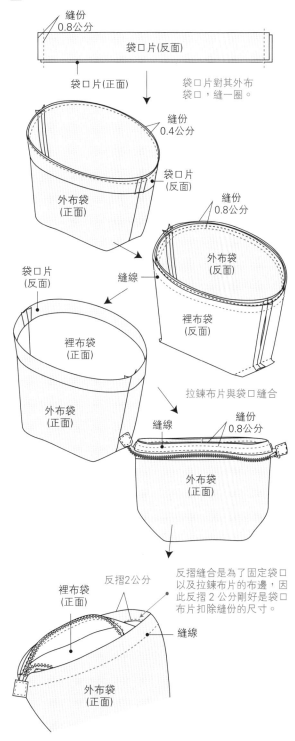

縫份
0.8公分

袋口片(反面)

袋口片(正面)

袋口片對其外布
袋口，縫一圈。

縫份
0.4公分

袋口片
(反面)

外布袋
(正面)

縫份
0.8公分

外布袋
(反面)

袋口片
(反面)

縫線

裡布袋
(正面)

裡布袋
(反面)

外布袋
(正面)

拉鍊布片與袋口縫合

縫線

縫份
0.8公分

外布袋
(正面)

反摺縫合是為了固定袋口
以及拉鍊布片的布邊，因
此反摺 2 公分剛好是袋口
片布片扣除縫份的尺寸。

反摺2公分

裡布袋
(正面)

縫線

外布袋
(正面)

Cambridge Satchel Bag
夢幻英倫包 紙型檔名 **no.63**

成品尺寸

整體 ＊ 寬30× 高22.5× 厚9公分

材　料

外 A 布 ＊ 寬83× 高37 公分 1 片

外 B 布 ＊ 寬84× 高44 公分 1 片

裡布 ＊ 寬76× 高64 公分 1 片

硬布襯 ＊ 寬92× 高61 公分 1 片

皮革（羊皮）＊ 寬28× 高24× 厚0.12 公分 1 片

包用織帶 ＊ 寬2× 長160 公分 1 條

問號鉤 ＊ 寬2.5 公分 2 組

日型環 ＊ 寬2.5 公分 1 組

D 型環 ＊ 寬2.5 公分 4 組

O 型環 ＊ 寬3.5 公分 1 組

合金環 ＊ 直徑3 公分 1 組

皮帶頭 ＊ 寬2.5 公分 2 組

磁釦 ＊ 直徑1.5 公分 2 組

固定釦 ＊ 直徑0.8 公分 12 組

銅拉鍊 ＊ 長25 公分 1 條

做　法

前置作業：裁剪好所需的布片，按紙型中標示的記號，以粉圖筆等在布料上做摺疊所需的記號，再參照以下步驟操作。

1.貼合布襯：分別在兩片袋身片外布、一片袋蓋片外布、一片袋蓋補強片、一片袋側片外布、一片外口袋、一片內口袋等反面，熨燙貼合硬布襯。

2.製作所有皮革配件：將所有皮革釦耳和磁釦公片、D 環耳、背帶 D 環耳、提把邊緣，按紙型標示先沿邊縫線裝飾，以及黏貼加工，備用。

製作步驟

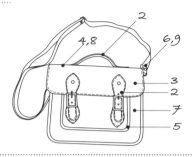

3.製作袋蓋：將兩片袋蓋正面相對，從反面沿邊縫合，並留返口，翻到正面後在四周邊緣0.3 公分處，以直線縫合壓邊。

4.安裝提把、釦耳、袋蓋補強片：已經貼好硬布襯的補強布片，四邊縫份反摺，將皮革把手固定在正面後以固定釦補強，最後連同3.5 公分寬的 O 環耳，一起縫在袋蓋上，並且縫合固定釦耳。

5.製作外口袋與固定磁釦母片：先在外口袋外布安裝磁釦母片，然後將外口袋側邊外布和裡布側邊正面相對後縫合，翻到正面熨燙，外口袋片做法相同，翻到正面後和袋側縫合，並以包邊布條包覆縫份，並將外口袋固定在袋身後片裡片。

6.製作袋身、D 環耳：分別將前袋側及外袋身片的外布和裡布側片正面相對，縫合後翻到正面，袋側兩端固定肩帶用 D 環耳後，將袋側片和袋身片邊緣靠齊縫合，並以袋側包邊布條包邊。

7.製作內口袋：固定拉鍊後（參照 p.39 袋身開口式拉鍊做法），再以包邊布條將內口袋左右兩邊縫份包覆縫合，固定在後袋身裡布。

8.組合袋蓋在袋身後片：按紙型的標記，在袋後片以直線縫合固定袋蓋。

9.製作可調式肩背帶：可調式肩背帶做法參照 p.30。

2. 製作所有皮革配件

＊以下打圓孔使用 8 號丸斬（直徑 0.24 公分）

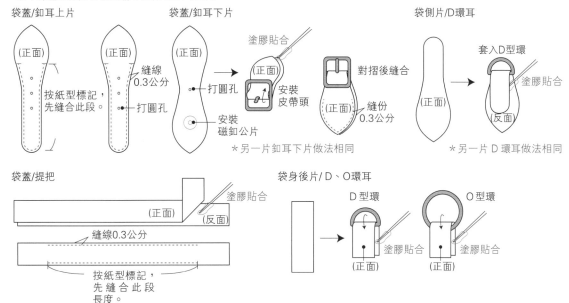

袋蓋/釦耳上片

（正面）

（正面）

縫線
0.3公分

按紙型標記，
先縫合此段。

打圓孔

袋蓋/釦耳下片

（正面）

打圓孔

安裝
磁釦公片

塗膠貼合

（正面）

安裝
皮帶頭

對摺後縫合

（正面）

縫份
0.3公分

＊另一片釦耳下片做法相同

袋側片/D環耳

套入D型環

（正面）

塗膠貼合

（反面）

＊另一片 D 環耳做法相同

袋蓋/提把

（正面）

塗膠貼合

（反面）

縫線0.3公分

按紙型標記，
先縫合此段
長度。

袋身後片/ D、O環耳

D 型環

O 型環

塗膠貼合

（正面）

塗膠貼合

（正面）

3. 製作袋蓋

外A布/袋蓋

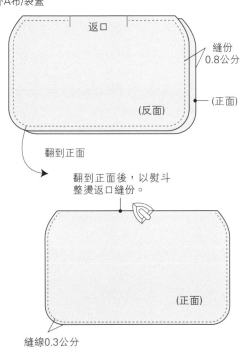

返口

縫份
0.8公分

（反面）

（正面）

翻到正面

翻到正面後，以熨斗
整燙返口縫份。

（正面）

縫線0.3公分

4. 安裝提把、釦耳、袋蓋補強片

袋蓋補強片

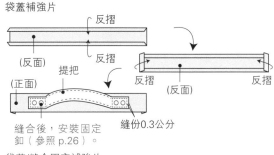

反摺

反摺

反摺

（反面）

提把

（正面）

（反面）

反摺

縫合後，安裝固定
釦（參照 p.26）。

縫份0.3公分

袋蓋/縫合固定補強片

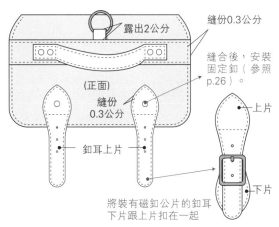

露出2公分

縫份0.3公分

縫合後，安裝
固定釦（參照
p.26）。

（正面）

縫份
0.3公分

釦耳上片

上片

下片

將裝有磁釦公片的釦耳
下片跟上片扣在一起

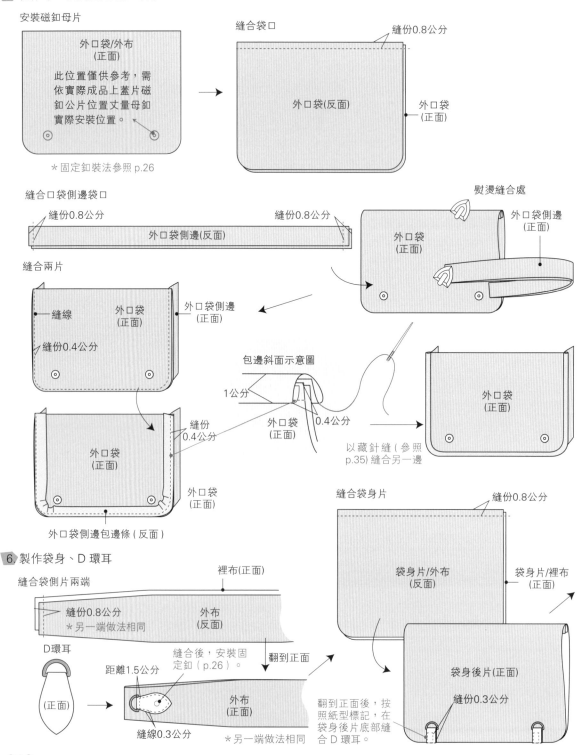

5. 製作外口袋與固定磁釦母片

安裝磁釦母片

外口袋/外布
(正面)

此位置僅供參考，需依實際成品上蓋片磁釦公片位置丈量母釦實際安裝位置。

＊固定釦裝法參照 p.26

縫合袋口

縫份0.8公分

外口袋(反面)

外口袋
(正面)

縫合口袋側邊袋口

縫份0.8公分　縫份0.8公分

外口袋側邊(反面)

熨燙縫合處

外口袋側邊
(正面)

外口袋
(正面)

縫合兩片

縫線

外口袋
(正面)

外口袋側邊
(正面)

縫份0.4公分

包邊斜面示意圖

1公分

外口袋
(正面)

0.4公分

以藏針縫（參照 p.35）縫合另一邊

外口袋
(正面)

縫份
0.4公分

外口袋
(正面)

外口袋
(正面)

外口袋側邊包邊條（反面）

6. 製作袋身、D 環耳

裡布(正面)

縫合袋側片兩端

縫份0.8公分
＊另一端做法相同

外布
(反面)

D環耳

(正面)

距離1.5公分

縫合後，安裝固定釦（p.26）。

翻到正面

外布
(正面)

縫線0.3公分

＊另一端做法相同

縫合袋身片

縫份0.8公分

袋身片/外布
(反面)

袋身片/裡布
(正面)

袋身後片(正面)

縫份0.3公分

翻到正面後，按照紙型標記，在袋身後片底部縫合 D 環耳。

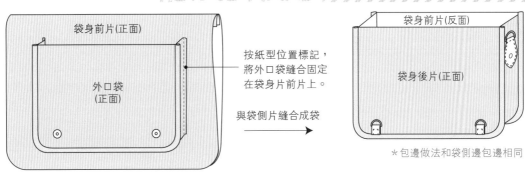

按紙型位置標記,
將外口袋縫合固定
在袋身片前片上。

與袋側片縫合成袋

＊包邊做法和袋側邊包邊相同

袋身前片(正面)

外口袋
(正面)

袋身前片(反面)

袋身後片(正面)

7. 製作內口袋

內口袋

縫線0.6公分

翻到
正面

(正面) (正面)

拉鍊開口兩邊縫線
固定裡面的縫份

0.4公分

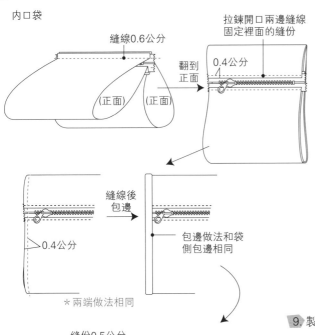

縫線後
包邊

0.4公分

包邊做法和袋
側包邊相同

＊兩端做法相同

縫份0.5公分

內口袋(正面)

袋身片(正面)

外口袋
(正面)

將內口袋固
定在袋身後
片裡片

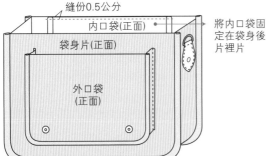

8. 組合袋蓋在袋身後片

袋蓋
(正面)

距離0.4公分   縫份0.2公分

帶身後片
(正面)

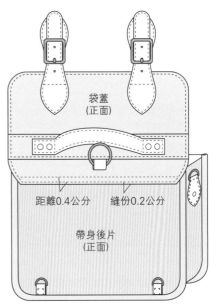

9. 製作可調式肩背帶

固定釦固定織
帶頭、尾端

可調式肩背帶
做法參照 p.30

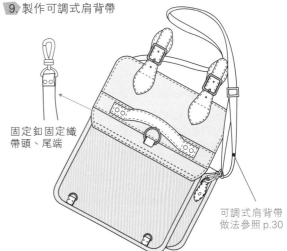

Satchel School Bag
英倫書包

紙型檔名 **no.69**

成品尺寸

整體 ＊ 寬 30 × 高 22 × 厚 9 公分

材　　料

外 A 布 ＊ 寬 65 × 高 30 公分 1 片
外 B 布 ＊ 寬 100 × 高 40 公分 1 片
皮革（牛皮）＊ 寬 25 × 高 6 × 厚 0.2 公分 1 片
裡布 ＊ 寬 110 × 高 60 公分 1 片
硬布襯 ＊ 寬 32 × 高 24 公分 1 片
薄布襯 ＊ 寬 36 × 高 41 公分 1 片
厚夾棉 ＊ 寬 74 × 高 35 公分 1 片
包用織帶 ＊ 寬 2 × 長 160 公分 1 條
日型環 ＊ 寬 2.5 公分 1 組
口型環 ＊ 寬 2.5 公分 4 組
撞釘磁釦 ＊ 直徑 1.2 公分 2 組
固定釦 ＊ 直徑 0.8 公分 4 組
固定釦 ＊ 直徑 0.6 公分 4 組
銅拉鍊 ＊ 長 25 公分 1 條

做　　法

前置作業：裁剪好所需的布片和皮革，按紙型中標示的記號，以粉圖筆等在布料和皮革上做摺疊所需的記號，再參照以下步驟操作。

1. 貼合布襯和夾棉：分別在一片袋蓋片外布、一片袋蓋補強片等反面熨燙貼合硬布襯，在另一片袋蓋片、前口袋片外布等反面熨燙薄布襯，另兩片袋身片外片、一片袋側片反面熨燙貼合厚夾棉。

2. 製作所有皮革配件和口環、D 環耳：將皮革提把和磁釦耳、撞釘磁釦公片，按紙型標示先行加工，備用。將 D 環耳等布片反面朝外，反摺 1.5 公分縫合，翻到正面套上 D 環或口環，剩下的 2.5 公分摺疊，備用。

製作步驟

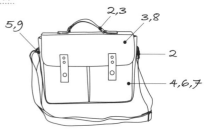

3. 製作袋蓋：將兩片袋蓋正面相對，從反面縫合四邊，並於紙型標示之處留返口，翻到正面後確實熨燙平整。

4. 製作前口袋與固定磁釦母片：按照紙型標記，將磁釦母片安裝固定在前口袋外布上，然後與裡布正面相對縫合，翻到正面，使用熨斗熨燙口袋，並對齊袋身前片，縫一道分隔摺線。

5. 固定肩帶用 D 環耳：按紙型位置標記，在袋側片外片兩端，縫合固定肩帶所需的 D 環耳。

6. 製作袋身：分別將裡、外袋身片和袋側對齊後縫合固定，在裡布袋預留返口。最後將外布袋翻到正面，套入反面朝外的裡布袋，沿著袋口縫合一圈，翻到正面後縫合返口。

7. 製作內口袋：固定拉鍊後（參照 p.39 袋身開口式拉鍊做法），將內口袋左右兩邊直線縫合，並於裡布留返口，翻到正面後固定在後袋身裡布，以藏針縫（參照 p.35）縫合返口。

8. 組合袋蓋在袋身後片：按紙型的標記，在袋後片以直線縫合固定袋蓋。

9. 製作可調式肩背帶：可調式肩背帶製作參照 p.30。

2. 製作所有皮革配件和口環、D環耳

袋蓋／皮革磁釦耳

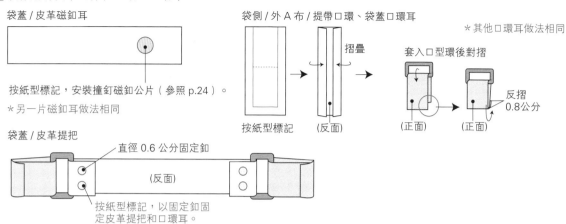

按紙型標記，安裝撞釘磁釦公片（參照 p.24）。

＊另一片磁釦耳做法相同

袋側／外A布／提帶口環、袋蓋口環耳

摺疊

按紙型標記 （反面）

＊其他口環耳做法相同

套入口型環後對摺

反摺 0.8公分

（正面） （正面）

袋蓋／皮革提把

直徑 0.6 公分固定釦

（反面）

按紙型標記，以固定釦固定皮革提把和口環耳。

3. 製作袋蓋

外A布/袋蓋

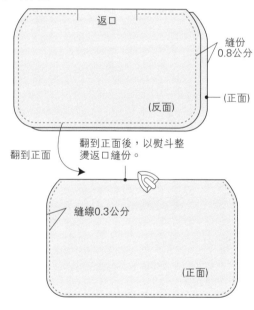

返口

縫份 0.8公分

（正面）

（反面）

翻到正面

翻到正面後，以熨斗整燙返口縫份。

縫線0.3公分

（正面）

袋蓋補強片

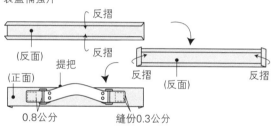

反摺 / 反摺

（反面）

提把

（正面）

反摺 （反面） 反摺

0.8公分 縫份0.3公分

袋蓋／縫合固定補強片

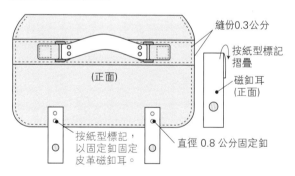

縫份0.3公分

按紙型標記摺疊

磁釦耳（正面）

（正面）

按紙型標記，以固定釦固定皮革磁釦耳。

直徑 0.8 公分固定釦

4. 製作前口袋與固定磁釦母片

安裝磁釦母片

前口袋片/外B布（正面）

此位置僅供參考，需依實際成品上蓋片磁釦公片位置丈量母釦實際安裝位置。

磁釦母片

＊撞釘磁釦裝法參照 p.24

裝飾線 0.4公分

縫份0.8公分

前口袋片/外B布（反面）

前口袋片/外B布（正面）

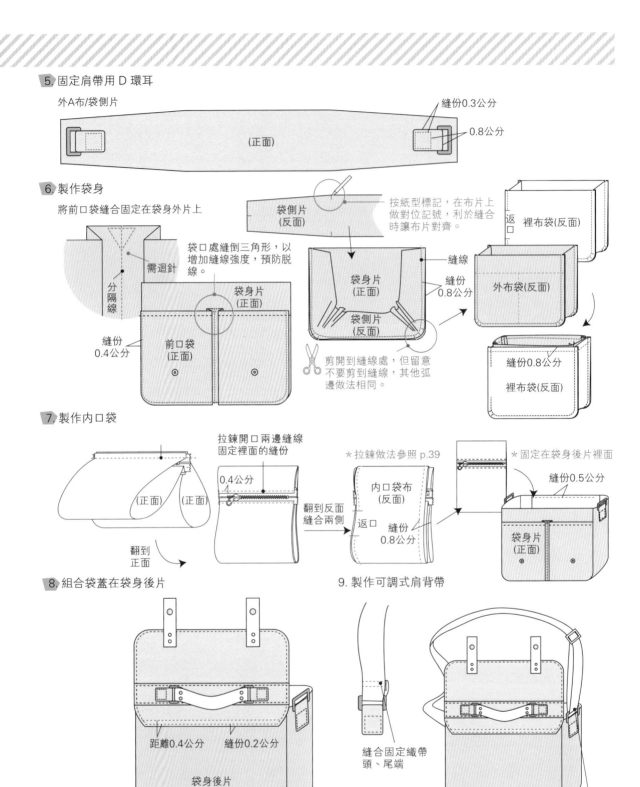

5. 固定肩帶用 D 環耳

外A布/袋側片

縫份0.3公分

0.8公分

(正面)

6. 製作袋身

將前口袋縫合固定在袋身外片上

袋側片
(反面)

按紙型標記,在布片上做對位記號,利於縫合時讓布片對齊。

裡布袋(反面)

袋口處縫倒三角形,以增加縫線強度,預防脫線。

需迴針

分隔線

縫線

袋身片
(正面)

縫份
0.8公分

外布袋(反面)

袋身片
(正面)

縫份
0.4公分

前口袋
(正面)

袋側片
(反面)

剪開到縫線處,但留意不要剪到縫線,其他弧邊做法相同。

縫份0.8公分

裡布袋(反面)

7. 製作內口袋

拉鍊開口兩邊縫線固定裡面的縫份

*拉鍊做法參照 p.39

*固定在袋身後片裡面

縫份0.5公分

0.4公分

(正面)   (正面)

翻到反面縫合兩側

內口袋布
(反面)

返口

縫份
0.8公分

袋身片
(正面)

翻到
正面

8. 組合袋蓋在袋身後片

距離0.4公分   縫份0.2公分

袋身後片
(正面)

9. 製作可調式肩背帶

縫合固定織帶頭、尾端

可調式肩帶做法參照 p.30

蕾絲蛋糕包

紙型檔名 **no.70**

皮提把蛋糕包

紙型檔名 **no.71**

製作步驟

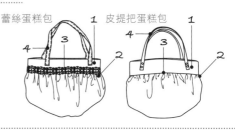

蕾絲蛋糕包　　　　　　　皮提把蛋糕包

成品尺寸

整體 ✳ 寬 25 × 高 18 × 厚 12 公分

材　料

蕾絲蛋糕包：

外布 ✳ 寬 85 × 高 50 公分 1 片

裡布 ✳ 寬 60 × 高 45 公分 1 片

蕾絲織帶 ✳ 寬 2 × 長 52 公分 1 條

皮提把蛋糕包：

外 A 布 ✳ 寬 48 × 高 24 公分 1 片

外 B 布 ✳ 寬 44 × 高 50 公分 1 片

裡布 ✳ 寬 60 × 高 45 公分 1 片

皮革 ✳ 寬 34 × 高 2 × 厚 0.12 公分 1 片

固定釦 ✳ 直徑 0.6 公分 8 組

做　法

前置作業：裁剪好所需的布片，按紙型中標示的記號，以粉圖筆等在布料上做摺疊所需的記號，再參照以下步驟操作。

1. 縫合袋口片：分別縫合外布、裡布兩側邊後，裡外袋口正面相對，沿布邊縫合袋口，翻到正面。

2. 縮縫袋身片：將外布、裡布重疊縮縫。

3. 接合袋身和袋口：按紙型對位記號，對齊袋身與袋口後縫合，蕾絲蛋糕包這時可將蕾絲織帶，用藏針縫（參照 p.35）縫合在外布袋口袋身接合處。

4. 製作提把：參照 p.28 製作布提把，或使用皮革提把，縫合固定在袋口處即完成。

1. 縫合袋口片

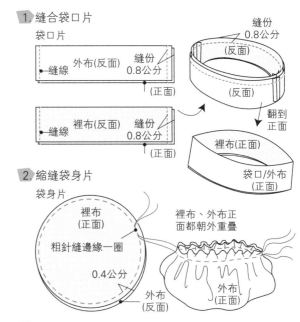

2. 縮縫袋身片

3. 接合袋身和袋口

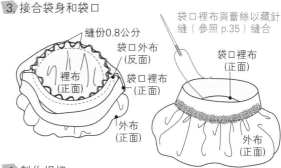

4. 製作提把

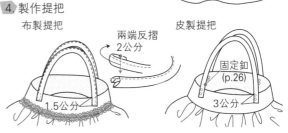

布製提把　　　　　　　皮製提把

Bucket Shoulder Bag
斜肩水桶包 　紙型檔名 **no.72**

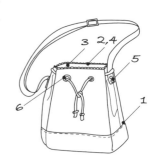

製作步驟

成品尺寸
整體＊寬 25× 高 28× 厚 22 公分

材　　料
外 A 布＊寬 100× 高 25 公分 1 片
外 B 布＊寬 44× 高 41 公分 1 片
鋪棉布＊寬 81× 高 50 公分 1 片
包用織帶＊寬 2.5× 長 130 公分 1 條
日型環＊寬 2.5 公分 1 組
口型環＊寬 2.5 公分 1 組
雞眼＊直徑 1.7 公分 8 組
蕾絲織帶＊寬 2× 長 98 公分 1 條
束口線繩＊粗 0.8× 長 60 公分 1 條
固定釦＊直徑 0.8 公分 4 組

做　　法
前置作業：裁剪好所需的布片，按紙型中標示的記號，以粉圖筆等在布料上做摺疊所需的記號，再參照以下步驟操作。

1.接合外袋身：從袋側接合兩片外袋身後，再和下袋身片接合，紙型上星形和圓形記號點為接合邊對應點。
2.固定蕾絲織帶：將蕾絲織帶正面朝外袋身正面，靠齊袋口邊緣，並在距邊緣 0.4 公分處固定蕾絲織帶。
3.縫合內袋：將鋪棉布縫合成袋，預留返口。
4.組合內外袋身：將外袋身正面朝外，套入正面朝內的內袋身，袋口對齊後以縫份 0.8 公分縫一圈，翻到正面。
5.固定肩背帶：以固定釦將可調式肩背織帶，固定在袋側兩端。
6.安裝袋口雞眼：以雞眼工具固定 8 組雞眼，最後穿入線繩，用藏針縫（參照 p.35）縫合返口即完成。

1. 接合外袋身
縫合上袋身片

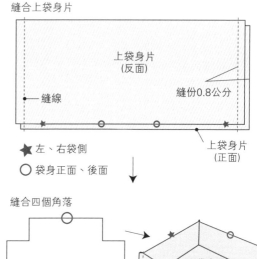

★ 左、右袋側
○ 袋身正面、後面

縫合四個角落

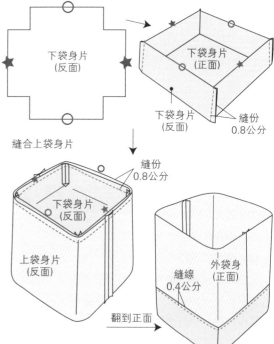

2. 固定蕾絲織帶

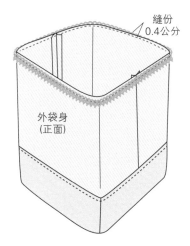

縫份
0.4公分

外袋身
(正面)

3. 縫合內袋

縫合袋身裡片

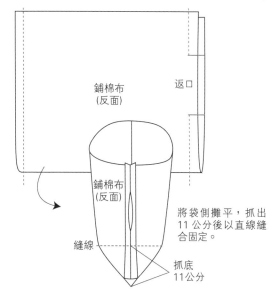

鋪棉布
(反面)

返口

鋪棉布
(反面)

縫線

將袋側攤平，抓出
11 公分後以直線縫
合固定。

抓底
11公分

4. 組合內外袋身

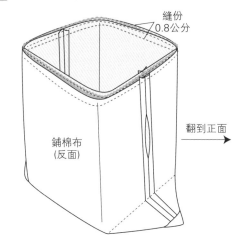

縫份
0.8公分

鋪棉布
(反面)

翻到正面 →

6. 安裝袋口雞眼

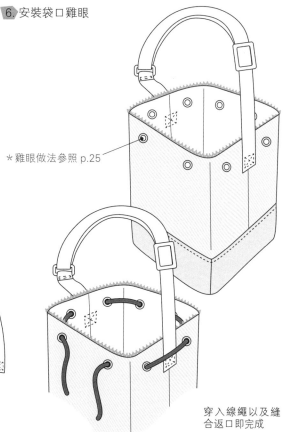

＊雞眼做法參照 p.25

5. 固定肩背帶

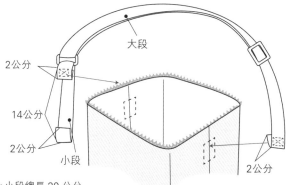

大段

2公分

14公分

2公分

小段

2公分

＊小段總長 20 公分
＊大段總長 110 公分

穿入線繩以及縫
合返口即完成

Travel Pouch
旅行收納袋 　紙型檔名 **no.73**

製作步驟

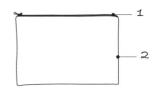

成品尺寸
整體 ＊ 寬 30 × 高 20.5 公分

材　　料
外布 ＊ 寬 33 × 高 42 公分 1 片
裡布 ＊ 寬 33 × 高 42 公分 1 片
銅拉鍊 ＊ 長 30 公分 1 條

做　　法
前置作業：裁剪好所需的布片，按紙型中標示的記號，以粉圖筆等在布料上做摺疊所需的記號，再參照以下步驟操作。

1. 固定拉鍊：縫合袋口拉鍊。
2. 袋身成型：從反面縫合袋身兩側，預留返口翻到正面，用藏針縫（參照 p.35）縫合返口即完成。

1. 固定拉鍊

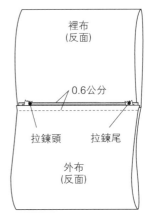

＊拉鍊做法參照 p.42 多功能拉鍊包

2. 袋身成型

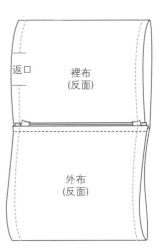

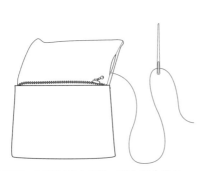

翻到正面，以藏針縫（參照 p.35）縫合返口。

Zipper Pouch
拉鍊收納袋 紙型檔名 **no.74**

製作步驟

成品尺寸
整體 ✲ 寬 20 × 高 30 公分

材　料
外布 ✲ 寬 45 × 高 33 公分 1 片
裡布 ✲ 寬 45 × 高 33 公分 1 片
銅拉鍊 ✲ 長 20 公分 1 條

做　法
前置作業：裁剪好所需的布片，按紙型中標示的記號，以粉圖筆等在布料上做摺疊所需的記號，再參照以下步驟操作。

1.固定拉鍊：縫合袋口拉鍊。
2.袋身成型：從反面縫合袋身∏型邊，預留返口，然後翻到正面，用藏針縫（參照 p.35）縫合返口即完成。

2.袋身成型

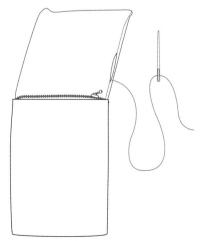

翻到正面，以藏針縫（參照 p.35）縫合返口。

1.固定拉鍊

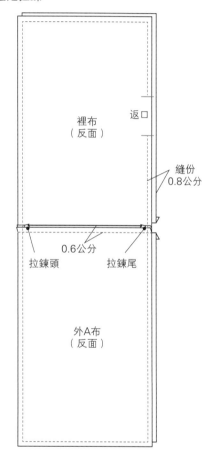

裡布
（反面）

返口

縫份
0.8公分

0.6公分

拉鍊頭　　　　拉鍊尾

外A布
（反面）

＊拉鍊做法參照 p.42 多功能拉鍊包

Pink Plaid Bag
粉紅格子袋

紙型檔名 **no.75**

Floral Bag
碎花提袋

紙型檔名 **no.76**

成品尺寸

整體＊寬 35 × 高 44 公分

材　料

外布＊寬 83 × 高 63 公分 1 片

做　法

前置作業：裁剪好所需的布片，按紙型中標示的記號，以粉圖筆等在布料上做摺疊所需的記號，再參照以下步驟操作。

1. 製作口袋：按照紙型標記對摺後從正面縫合兩側，縫份 0.4 公分，再以包邊條包邊縫合，並以粗針縫固定在袋口。

2. 製作外袋身：袋身以反面相對，從正面縫合，縫份為 0.3 公分，再翻到反面縫一次，縫份為 0.5 公分，袋口縫以三摺方式縫合提把布邊後即成。

製作步驟

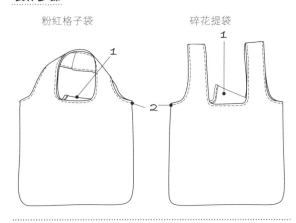

1. 製作口袋

口袋片

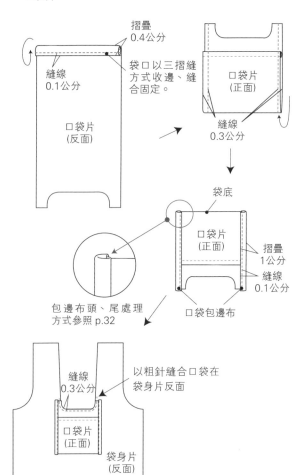

2. 製作外袋身

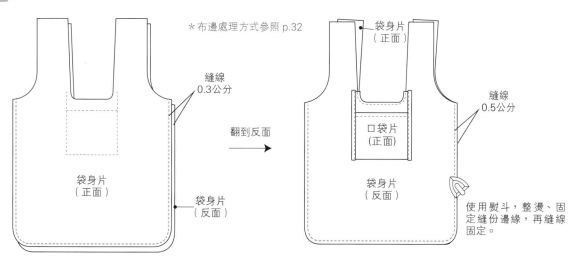

＊布邊處理方式參照 p.32

縫線
0.3公分

翻到反面 →

袋身片
（正面）

袋身片
（反面）

袋身片
（正面）

縫線
0.5公分

口袋片
（正面）

袋身片
（反面）

使用熨斗，整燙、固
定縫份邊緣，再縫線
固定。

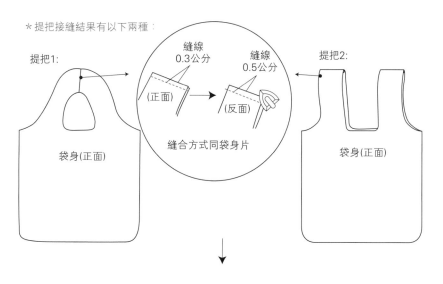

＊提把接縫結果有以下兩種：

提把1：

縫線
0.3公分

縫線
0.5公分

（正面） → （反面）

縫合方式同袋身片

袋身(正面)

提把2：

袋身(正面)

提把與袋口，以三摺縫方
式縫合。

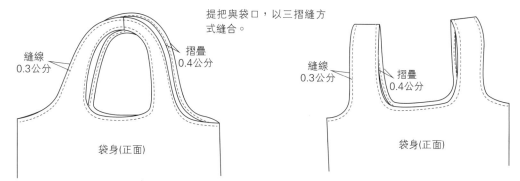

縫線
0.3公分

摺疊
0.4公分

袋身(正面)

縫線
0.3公分

摺疊
0.4公分

袋身(正面)

Oval Bag
橢圓書袋

紙型檔名 **no.77**

製作步驟

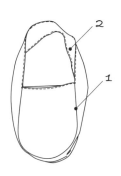

成品尺寸

整體＊寬 20× 高 25× 厚 9.5 公分

提把＊總長 53 公分

材　料

外布＊寬 110× 高 30 公分 1 片

裡布＊寬 110× 高 30 公分 1 片

做　法

前置作業：裁剪好所需的布片，按紙型中標示的記號，以粉圖筆等在布料上做摺疊所需的記號，再參照以下步驟操作。

1. 製作裡、外布袋：分別將外布、裡布縫合成兩個袋型。

2. 袋身成型：將裡、外布袋按照紙型標記，對齊各部位後縫合，用藏針縫（參照 p.35）縫好提把返口即完成。

---

1. 製作裡、外布袋

提把側片縫合　　　　　　　　＊裡布、外布做法相同

縫份0.8公分

（正面）

（反面）

袋身片與提把側片縫合

另一邊縫法相同

縫份 0.8 公分

（反面）

＊裡布、外布做法相同

先用熨斗將縫份反摺燙平，然後以藏針縫（參照 p.35）縫合返口。

此邊不縫合，從這裡翻到正面。

（正面）

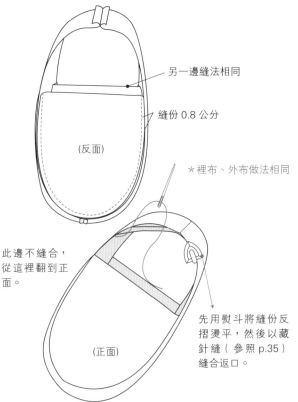

---

2. 袋身成型

組合裡、外布袋

縫份 0.8 公分

此邊不縫合

兩袋正面相對，套在一起，縫合此邊。

（反面）

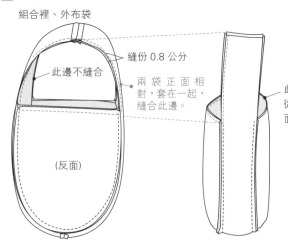

Fan Hangbag
扇型手提袋　紙型檔名 no.79

製作步驟

成品尺寸

整體 ＊ 寬 42.5× 高 14.5× 厚 11.5 公分

提把 ＊ 總長 42 公分

材　料

外布 ＊ 寬 93× 高 44 公分 1 片

裡布 ＊ 寬 77× 高 44 公分 1 片

做　法

前置作業：裁剪好所需的布片，按紙型中標示的記號，以粉圖筆等在布料上做摺疊所需的記號，再參照以下步驟操作。

1. 製作提把：將提把布從正面向反面中心反摺四等份，兩端縫份內摺 0.8 公分後，以直線縫合固定。

2. 縫合裡、外袋身：分別將裡、外袋身片和袋底縫合成袋，在裡袋預留返口。

3. 組合成型：將外布袋翻到正面，套入反面朝外的裡布袋中，在袋口沿邊縫一圈，翻到正面後，按紙型標記縫合固定提把即完成。

1. 製作提把

＊按紙型標記摺疊

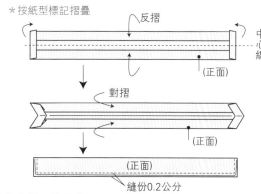

反摺　中心線

（正面）

對摺

（正面）

（正面）

縫份0.2公分

2. 縫合裡、外袋身

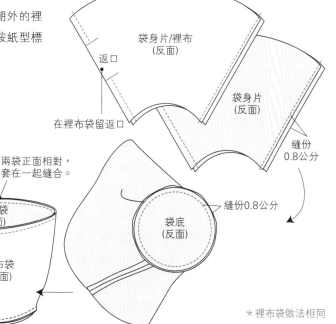

袋身片/裡布（反面）

返口

在裡布袋留返口

袋身片（反面）

縫份0.8公分

縫份0.8公分

袋底（反面）

3. 組合成型

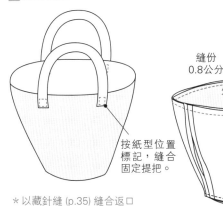

兩袋正面相對，套在一起縫合。

縫份0.8公分

外布袋（反面）

裡布袋（反面）

按紙型位置標記，縫合固定提把。

＊以藏針縫 (p.35) 縫合返口

＊裡布袋做法相同

225

口袋小提包

紙型檔名 **no.30**

成品尺寸

整體 ＊ 寬 20 × 高 30 公分
提把 ＊ 總長 42 公分

材　料

外 A 布 ＊ 寬 75 × 高 32 公分 1 片
外 B 布 ＊ 寬 66 × 高 32 公分 1 片
皮革 ＊ 寬 2 × 長 5.5 × 厚 0.12 公分 1 片
壓釦 ＊ 直徑 0.8 公分 1 組
固定釦 ＊ 直徑 0.6 公分 1 組

做　法

前置作業：裁剪好所需的布片，按紙型中標示的記號，以粉圖筆等在布料上做摺疊所需的記號，再參照以下步驟操作。

1. 製作口袋片、固定皮革釦耳：將袋口以三摺縫固定，其他三邊熨燙定型，並按紙型標記位置固定在袋身片。

2. 製作提把：將提把布從正面向反面中心反摺四等份，兩端縫份內摺 0.8 公分後，以直線縫合固定。

3. 製作袋身：布片反面相對，從正面、縫份 0.3 公分將兩片袋身片側邊縫合，翻到反面同樣部位熨燙後，再以縫份 0.5 公分縫合一道直線，並按紙型標記熨燙摺疊袋側摺線。

4. 縫合袋底：以包邊布條包覆袋底縫份，以直線縫合，而袋口則以三摺縫固定。

5. 固定提把：在袋口縫合固定提把即完成。

製作步驟

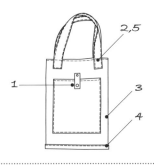

1. 製作口袋片、固定皮革釦耳

縫合口袋片袋口布邊

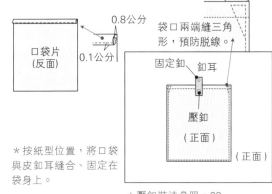

0.8公分

口袋片
（反面）

0.1公分

袋口兩端縫三角形，預防脫線。

固定釦　釦耳

壓釦
（正面）

（正面）

＊按紙型位置，將口袋與皮釦耳縫合、固定在袋身上。

＊壓釦裝法參照 p.23
＊固定釦裝法參照 p.26

2. 製作提把

＊按紙型標記摺疊

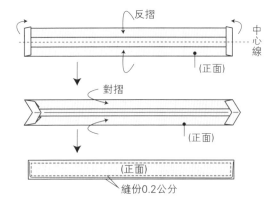

反摺

中心線

（正面）

對摺

（正面）

（正面）

縫份0.2公分

隨手小提袋 紙型檔名 no.31

成品尺寸

整體 ✽ 寬 20 × 高 30 公分

提把 ✽ 總長 42 公分

材　料

外 A 布 ✽ 寬 75 × 高 32 公分 1 片

外 B 布 ✽ 寬 48 × 高 32 公分 1 片

做　法

前置作業：裁剪好所需的布片，按紙型中標示的記號，以粉圖筆等在布料上做摺疊所需的記號，再參照以下步驟操作。

1. **製作提把：**參照 p.226 做法 **2.**。
2. **製作袋身：**參照本頁下方的做法 3. 圖。
3. **縫合袋底：**參照本頁右方的做法 4. 圖。
4. **固定提把：**參照本頁下方的做法 5. 圖。

3. 製作袋身

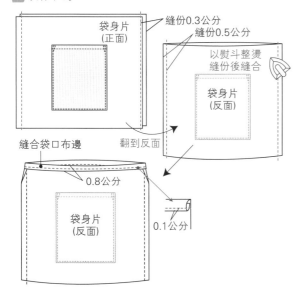

袋身片（正面）

縫份0.3公分
縫份0.5公分
以熨斗整燙縫份後縫合

袋身片（反面）

縫合袋口布邊

翻到反面

0.8公分

袋身片（反面）

0.1公分

製作步驟

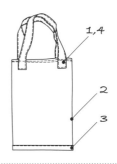

1,4
2
3

4. 縫合袋底

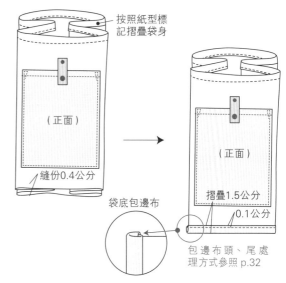

按照紙型標記摺疊袋身

（正面）

縫份0.4公分

（正面）

摺疊1.5公分

0.1公分

袋底包邊布

包邊布頭、尾處理方式參照 p.32

5. 固定提把

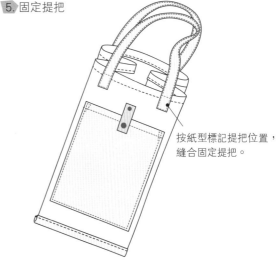

按紙型標記提把位置，縫合固定提把。

Small Tote Bag
萬用小提袋　紙型檔名 **no.32**

製作步驟

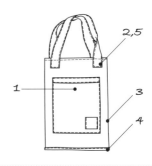

成品尺寸

整體＊寬 20× 高 30 公分
提把＊總長 42 公分

材　料

外 A 布＊寬 75× 高 32 公分 1 片
外 B 布＊寬 66× 高 32 公分 1 片
布標＊寬 3.5× 長 4.5 公分 1 片
緞帶＊寬 1.5× 長 18 公分 1 條
　　　寬 1.5× 長 22 公分 1 條

做　法

前置作業： 裁剪好所需的布片，按紙型中標示的記號，以粉圖筆等在布料上做摺疊所需的記號，再參照以下步驟操作。

1. 製作口袋片、縫合布標、緞帶： 將口袋片袋口以三摺縫固定，其他三邊熨燙定型，並且在袋口處縫上一條緞帶，口袋右下縫上布標作裝飾。

2. 製作提把： 參照 p.226 做法 **2.**。

3. 製作袋身： 參照 p.226 做法 **3.**。

4. 縫合袋底： 參照 p.226 做法 **4.**。

5. 固定提把： 參照 p.226 做法 **5.**。

---

1. 製作口袋片、縫合布標、緞帶

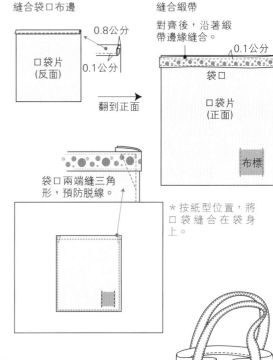

縫合袋口布邊

口袋片
（反面）

0.8公分
0.1公分

翻到正面 →

縫合緞帶

對齊後，沿著緞帶邊緣縫合。

0.1公分

袋口

口袋片
（正面）

布標

袋口兩端縫三角形，預防脫線。

＊按紙型位置，將口袋縫合在袋身上。

4. 縫合袋底

＊袋底參照 p.227 做法 4.

袋底除了包布邊以外，還可以使用長 22 公分的緞帶裝飾。

Student Messenger Bag
肩背方書包 紙型檔名 **no.33**

成品尺寸

整體 ✽ 寬 29× 高 22.5× 厚 10 公分

提把 ✽ 總長 42 公分

材　料

外 A 布 ✽ 寬 65× 高 25 公分 1 片

外 B 布 ✽ 寬 65× 高 25 公分 1 片

裡布 ✽ 寬 110× 高 52 公分 1 片

薄夾棉 ✽ 寬 62× 高 37 公分 1 片

厚夾棉 ✽ 寬 65× 高 45 公分 1 片

包用織帶 ✽ 寬 2.5× 長 120 公分 1 條

口環耳織帶 ✽ 寬 2.5× 長 5 公分 2 條

銅拉鍊 ✽ 長 35 公分 1 條

口型環 ✽ 寬 2.5 公分 2 組

做　法

前置作業：裁剪好所需的布片，按紙型中標示的記號，以粉圖筆等在布料上做摺疊所需的記號，再參照以下步驟操作。

1. 貼合夾棉和布襯：在兩片袋身片外布、兩片袋側片外布、一片袋底片外布反面貼合厚夾棉，兩片內口袋反面貼合薄布襯。

2. 固定口環耳：取兩條長 5 公分的織帶分別套入口型環後對摺，固定在袋底片外布兩端。

3. 固定內口袋：對摺兩片內口袋片，分別縫合固定在袋身片裡布正面。

4. 縫合袋身：在外布的袋側片上縫合拉鍊、拉鍊擋片，再分別將裡布、外布的兩片袋側片和一片袋底片、兩片袋身片縫合成兩個袋型。

5. 組合裡、外袋：用藏針縫（參照 p.35）從拉鍊處縫合裡、外袋後，鉤上肩背帶（參照 p.30）即完成。

製作步驟

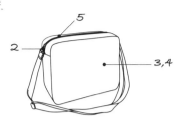

2. 固定口環耳

口環耳

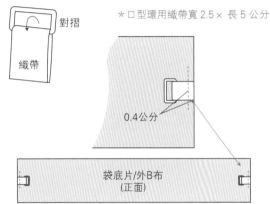

對摺

織帶

＊口型環用織帶寬 2.5× 長 5 公分

0.4公分

袋底片/外B布
(正面)

3. 固定內口袋

將內口袋布片對摺　　　　＊另一片內口袋布做法相同

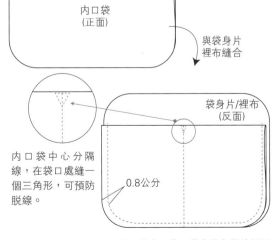

內口袋
(正面)

與袋身片
裡布縫合

內口袋中心分隔線，在袋口處縫一個三角形，可預防脫線。

0.8公分

袋身片/裡布
(反面)

＊另一片內口袋、袋身裡布做法相同

229

4. 縫合袋身

縫合袋側片／外布與拉鍊

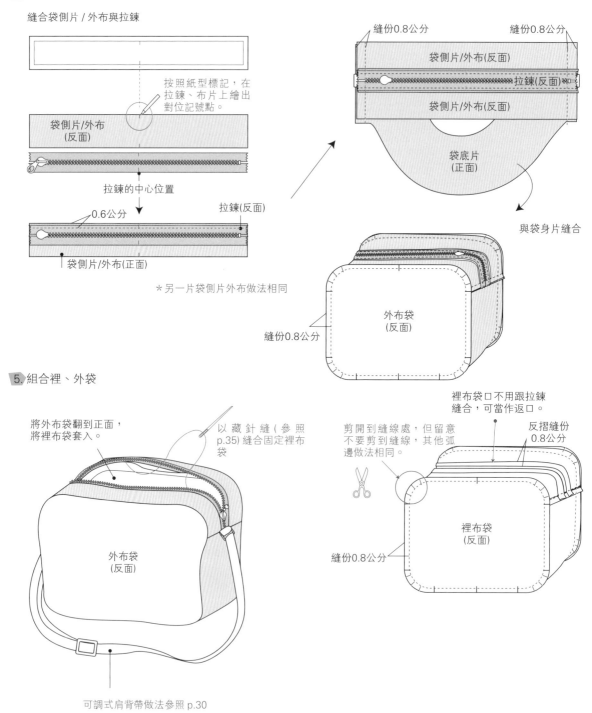

按照紙型標記，在拉鍊、布片上繪出對位記號點。

袋側片/外布
(反面)

拉鍊的中心位置

0.6公分　　　　　　拉鍊(反面)

袋側片/外布(正面)

＊另一片袋側片外布做法相同

縫份0.8公分　　　　縫份0.8公分

袋側片/外布(反面)

拉鍊(反面)

袋側片/外布(反面)

袋底片
(正面)

與袋身片縫合

外布袋
(反面)

縫份0.8公分

5. 組合裡、外袋

將外布袋翻到正面，將裡布袋套入。

以藏針縫(參照p.35)縫合固定裡布袋

外布袋
(反面)

可調式肩背帶做法參照 p.30

裡布袋口不用跟拉鍊縫合，可當作返口。

剪開到縫線處，但留意不要剪到縫線，其他弧邊做法相同。

反摺縫份
0.8公分

裡布袋
(反面)

縫份0.8公分

Shoulder Cuboid Bag
長形骰子包
紙型檔名 no.34

成品尺寸

整體＊寬 34.5× 高 16× 厚 15.5 公分

提把＊總長 67 公分

材　料

外 A 布＊寬 56× 高 37 公分 1 片

外 B 布＊寬 58× 高 34 公分 1 片

裡布＊寬 100× 高 51 公分 1 片

厚夾棉＊寬 94× 高 34 公分 1 片

包用織帶＊寬 4× 長 100 公分 2 條

銅拉鍊＊長 45 公分 1 條

做　法

前置作業：裁剪好所需的布片，按紙型中標示的記號，以粉圖筆等在布料上做摺疊所需的記號，再參照以下步驟操作。

1. 貼合夾棉：在兩片袋身片外布、兩片袋側片外布、一片袋底片外布反面，貼合厚夾棉。

2. 製作拉鍊耳：兩長邊向內摺兩次，直線縫合兩端，對摺並固定在袋底片的兩端居中位置。

3. 固定內口袋：將袋口以三摺縫固定，和袋身片裡布袋底對齊，縫合固定。

4. 縫合提把：按紙型標記，將兩條長 100 公分的織帶提把，分別在中段手提部位對摺縫，然後固定在袋身片上。

5. 縫合側口袋：以三摺縫固定袋口布邊，在口袋底反摺縫份，按紙型標記，固定在袋底片，裡布的內側口袋做法相同。

6. 縫合袋身：在外布的袋側片上縫合拉鍊和拉鍊擋片後，組合縫成外布袋，裡布袋除了不縫拉鍊，做法和外布袋相同，留意不要縫到提把的手提部位。

製作步骤

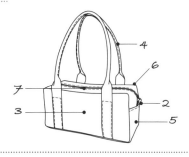

7. 組合裡、外袋：用藏針縫（參照 p.35）從拉鍊處縫合裡、外袋後，鉤上肩背帶（參照 p.30）即完成。

2. 製作拉鍊耳

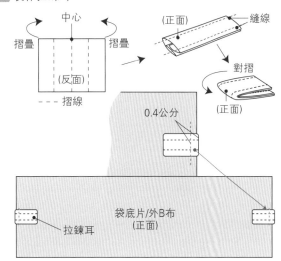

中心

摺疊　摺疊

（反面）

- - - 摺線

（正面）　縫線

對摺

（正面）

0.4公分

袋底片/外B布
（正面）

拉鍊耳

3. 固定內口袋

縫合內口袋袋口布邊

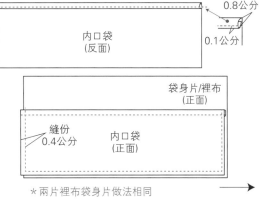

0.8公分

內口袋
（反面）

0.1公分

袋身片/裡布
（正面）

縫份
0.4公分

內口袋
（正面）

＊兩片裡布袋身片做法相同

在內口袋上縫合分隔線

按照紙型標記，在內口袋與
裡布袋身上縫合分隔線。

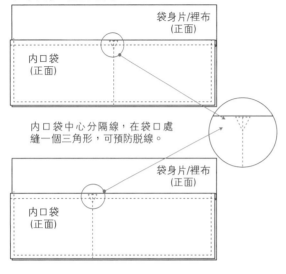

袋身片/裡布
(正面)

內口袋
(正面)

內口袋中心分隔線，在袋口處
縫一個三角形，可預防脫線。

袋身片/裡布
(正面)

內口袋
(正面)

4. 縫合提把

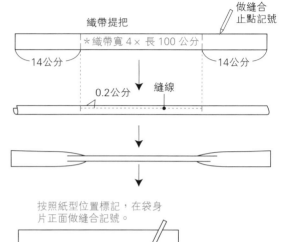

織帶提把

做縫合
止點記號

＊織帶寬 4 × 長 100 公分

14公分   14公分

0.2公分   縫線

按照紙型位置標記，在袋身
片正面做縫合記號。

袋身片
(正面)

5. 縫合側口袋

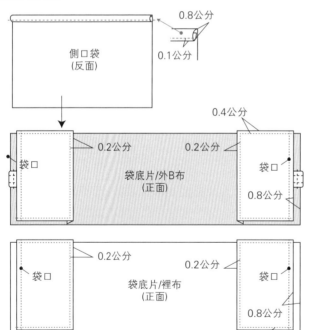

0.8公分

側口袋
(反面)

0.1公分

0.4公分

0.2公分   0.2公分

袋口

袋底片/外B布
(正面)

袋口

0.8公分

0.2公分

袋口

0.2公分

袋口

袋底片/裡布
(正面)

0.8公分

0.4公分

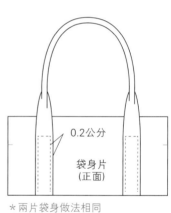

0.2公分

袋身片
(正面)

＊兩片袋身做法相同

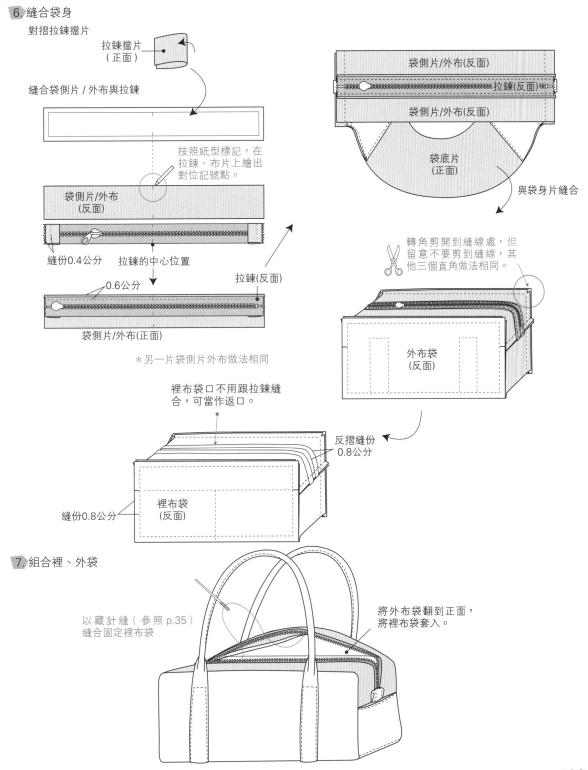

6. 縫合袋身

對摺拉鍊擋片

拉鍊擋片
（正面）

縫合袋側片 / 外布與拉鍊

按照紙型標記，在
拉鍊、布片上繪出
對位記號點。

袋側片/外布
(反面)

縫份0.4公分　拉鍊的中心位置

0.6公分

拉鍊(反面)

袋側片/外布(正面)

＊另一片袋側片外布做法相同

袋側片/外布(反面)

拉鍊(反面)

袋側片/外布(反面)

袋底片
(正面)

與袋身片縫合

轉角剪開到縫線處，但
留意不要剪到縫線，其
他三個直角做法相同。

外布袋
(反面)

裡布袋口不用跟拉鍊縫
合，可當作返口。

反摺縫份
0.8公分

裡布袋
(反面)

縫份0.8公分

7. 組合裡、外袋

以藏針縫（參照 p.35）
縫合固定裡布袋

將外布袋翻到正面，
將裡布袋套入。

Pleats Frame Bag
褶子口金提包 紙型檔名 no.35

成品尺寸

整體＊寬 45 × 高 25 × 厚 14.5 公分

提把＊總長 50 公分

材　料

外 A 布＊寬 63 × 高 65 公分 1 片

外 B 布＊寬 96 × 高 43 公分 1 片

裡布＊寬 80 × 高 100 公分 1 片

薄夾棉＊寬 48 × 高 8 公分 1 片

厚夾棉＊寬 120 × 高 52 公分 1 片

牛皮或羊皮＊寬 11 × 高 11 × 厚 0.1 公分 1 片

銅拉鍊＊長 45 公分 1 條

支架口金框＊寬 30 公分 1 對

做　法

前置作業：裁剪好所需的布片，按紙型中標示的記號，以粉圖筆等在布料上做摺疊所需的記號，再參照以下步驟操作。

1. 貼合夾棉：分別在兩片袋身片外 A 布、一片袋側片外 B 布反面，熨燙貼合厚夾棉，兩片袋口外 A 布反面則貼合薄夾棉。

2. 固定拉鍊：按紙型標記在拉鍊織帶畫出中心點與對位點，與袋口片對齊後連同外 A 布和裡布一起縫合，並縫上拉鍊尾端包布。

3. 縫合袋身片、袋側片：先縫合內、外袋身片上的褶子，分別將兩片袋身片，按紙型標記的對位點對齊縫合成外袋、內袋，在內袋留返口。

4. 組合袋身、袋口：從反面固定拉鍊袋口與袋身後翻到正面。

5. 固定提把與安裝支架口金框：按紙型標記將提把固定在外袋身，再於提把兩端，縫上皮革裝飾片後，從

234

製作步驟

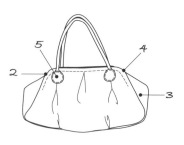

袋口兩端縫隙穿入口金框，用藏針縫（參照 p.35）縫合口金框入口，裡袋返口即完成。

2. 固定拉鍊

在拉鍊織帶上畫出對位記號

將拉鍊與袋口布接合

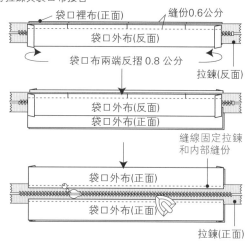

在拉鍊兩端縫上包布

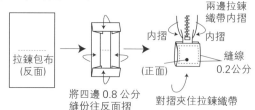

3. 縫合袋身片、袋側片

縫合袋身兩側長褶子

按紙型標記，在布片上做對位記號，利於縫合與對齊。

袋身片
（反面）

長度
9.5公分

縫線

袋身片
（正面）

縫合袋身三處短褶子

長褶左右攤平後在布邊縫合固定

0.4公分

袋身片
（反面）

短褶只需摺疊後直接在布邊縫合固定

*每片袋身褶子做法相同

縫合成袋身

袋身片
（反面）

袋側片

按紙型標記，在布片上做對位記號，利於縫合時讓布片對齊。

袋身片(正面)

縫線

縫份
0.8公分

袋側片(反面)

剪開到縫線處，但留意不要剪到縫線，其他弧邊做法相同。

*裡布袋身與另一邊布片做法相同

4. 組合袋身、袋口

先將外布袋翻到正面

在布片上做對位記號，利於縫合時讓布片對齊。

拉鍊袋口（反面）

縫合固定拉鍊袋口

外袋身
（正面）

縫份0.4公分　縫線

縫線

外袋身
（正面）

套上反面朝外的裡布袋，袋口處再縫一圈。

縫份0.8公分

裡布袋
（反面）

外布袋
（反面）

縫份
0.8公分

外布袋
（反面）

返口

裡布袋
（反面）

5. 固定提把與安裝支架口金框

縫份0.8公分　返口

提把(反面)

提把(正面)

以熨斗整燙返口縫份後縫合

提把(正面)

3公分　橫向對摺後縫合

按紙型位置標記，以手縫平針縫固定皮革裝飾片。

從袋口兩側安裝口金框，並以藏針縫（參照p.35）縫合入口以及裡袋返口。

Floral Block Frame Handbag
花花口金提包 紙型檔名 no.36

成品尺寸
整體 ＊ 寬 42 × 高 28 × 厚 15 公分
提把 ＊ 總長 45 公分

材　料
外 A 布 ＊ 寬 95 × 高 29.5 公分 1 片
外 B 布 ＊ 寬 95 × 高 42 公分 1 片
裡布 ＊ 寬 95 × 高 58 公分 1 片
厚夾棉 ＊ 寬 74 × 高 63 公分 1 片
布標 ＊ 寬 3.5 × 長 6.5 公分 1 片
銅拉鍊 ＊ 長 45 公分 1 條
支架口金框 ＊ 寬 30 公分 1 對

做　法
前置作業：裁剪好所需的布片，按紙型中標示的記號，以粉圖筆等在布料上做摺疊所需的記號，再參照以下步驟操作。

1. **拼接外袋身片、縫合布標**：拼接袋身外片與袋身下片，在外袋身前片縫合布標。
2. **貼合夾棉**：在拼接後的袋身片、四片外 B 布提把反面，熨燙貼合厚夾棉。
3. **固定拉鍊**：拉鍊和袋身片袋口對齊後，連同裡布一起縫合，然後在拉鍊頭、尾縫上拉鍊尾端包布。
4. **縫合袋身側邊與袋底**：縫合袋身兩側邊與袋底，並在裡布袋口兩側預留 1.5 公分不縫合、單側留返口。
5. **安裝支架口金框**：在距離袋口邊緣 1.5 公分處，繞著袋口縫出一道直線，從袋身左右兩端預留的入口導入口金框後，以藏針縫（參照 p.35）封住入口且縫合返口。
6. **製作和安裝提把**：縫合提把，在袋口處縫合固定提把，並用藏針縫（p.35）縫合返口後即完成。

製作步驟

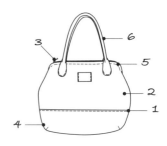
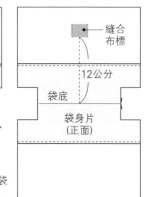
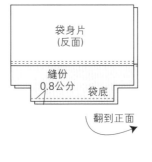
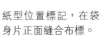

1. 拼接外袋身片、縫合布標

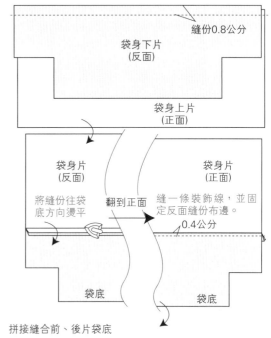

拼接縫合外袋身片

縫份0.8公分

袋身下片
（反面）

袋身上片
（正面）

袋身片
（反面）

袋身片
（正面）

將縫份往袋底方向燙平

翻到正面

縫一條裝飾線，並固定反面縫份布邊。
0.4公分

袋底

袋底

拼接縫合前、後片袋底

袋身片
（反面）

縫份
0.8公分　袋底

翻到正面

縫合布標

12公分

袋底

袋身片
（正面）

紙型位置標記，在袋身片正面縫合布標。

2. 貼合夾棉

袋底

袋底

厚夾棉
貼合面

袋身片
(反面)

3. 固定拉鍊

在袋口縫合拉鍊

袋底

袋側　袋身片/裡布
(反面)　袋側

0.6公分

拉鍊頭　袋口　拉鍊尾

袋身片/外布
(反面)

外袋身
左右反摺
0.8公分

袋底

在拉鍊兩端縫上包布

拉鍊包布
(反面)

將四邊 0.8 公分
縫份往反面摺

兩邊拉鍊
織帶內摺

內摺　內摺

(正面)

縫線
0.2公分

對摺夾住拉鍊織帶

4. 縫合袋身側邊與袋底

袋底

縫份
0.8公分

袋身片/裡布
(反面)

返口

0.6公分

裡布從拉鍊接點
開始，1.5 公分
不縫合，留給口
金框穿入。

袋口
縫線時將縫份掀開

袋身片/外布
(反面)

縫合袋底

縫線　袋底　縫線

袋身
(反面)

縫份
0.8公分

縫線

5. 安裝支架口金框

裡布
(正面)

裡布
(正面)

1.5公分

安裝
口金框

縫線

外布
(正面)

外布
(正面)

距離袋口邊緣 1.5 公分
處，繞著袋口縫線。

用藏針縫 (參照 p.35)
縫合口金入口、裡袋
返口。

6. 製作和安裝提把

製作提把

返口　提把(反面)

提把(正面)

以熨斗整燙返口縫份後縫合

提把(正面)

3公分　橫向對摺後縫合

按紙型位置標記，以手
縫平針縫固定現成的皮
把手。

Plaid Shoulder Bag
格子單肩包
紙型檔名 **no.37**

製作步驟

成品尺寸
整體 ✽ 寬 40 × 高 25 × 厚 17 公分
提把 ✽ 總長 50 公分

材　料
外 A 布 ✽ 寬 101 × 高 41 公分 1 片
外 B 布 ✽ 寬 82 × 高 21 公分 1 片
裡布 ✽ 寬 110 × 高 125 公分 1 片
薄夾棉 ✽ 寬 65 × 高 58 公分 1 片
厚夾棉 ✽ 寬 67 × 高 83 公分 1 片
縫紉用厚 pp 板 ✽ 寬 34 × 長 16 公分 1 片
固定釦 ✽ 直徑 0.6 公分 8 組
轉釦 ✽ 大小適中 1 組
包用織帶 ✽ 寬 4 × 長 60 公分 2 條
銅拉鍊 ✽ 長 45 公分 1 條
水桶釘 ✽ 直徑 1 公分 4 組

做　法
前置作業： 裁剪好所需的布片，按紙型中標示的記號，以粉圖筆等在布料上做摺疊所需的記號，再參照以下步驟操作。

1. 貼合夾棉： 依序將兩片外袋身、一片外袋蓋反面，熨燙貼合薄夾棉；兩片內袋身、兩片袋底、兩片內口袋反面則貼合厚夾棉。

2. 縫合袋蓋、安裝轉釦上釦： 將裡、外袋蓋對齊後，縫合 U 型邊緣，安裝轉釦上釦。

3. 製作拉鍊耳： 將拉鍊布片兩長邊向內摺 0.8 公分後再對摺，縫合對摺後固定在袋底片的兩端居中位置。

4. 縫合外袋身和褶子： 將褶子縫合固定，以正面相對縫合袋口，袋身後片袋口則夾入袋蓋片一起縫合，按紙型標記，在外袋身前片安裝轉釦底座。

5. 組合外袋身、內袋身和固定水桶釘： 按紙型標記，在外 B 布袋底片安裝轉釦水桶釘後，在兩片內袋口上縫合拉鍊，和外袋身、內袋身片、袋底縫合成袋，剩餘的內袋身布片則縫合成一個長方形內袋，備用。

6. 安裝提把： 按紙型標記，將兩條長 60 公分的提把分別在中段手提部位對摺縫合，然後縫合固定在袋身片上，再以固定釦補強。

7. 組合裡、外袋： 在裡布袋和外布袋之間放入縫紉用厚 pp 板，用藏針縫（參照 p.35）從拉鍊處縫合裡、外袋即完成。

2. 製作袋蓋

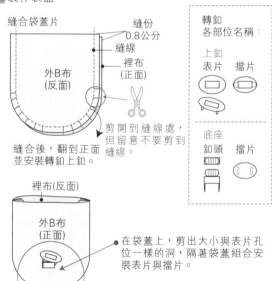

3. 製作拉鍊耳

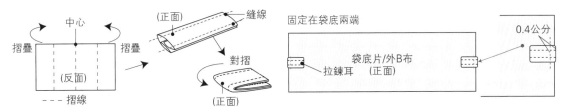

中心

摺疊   摺疊

(反面)

- - - 摺線

(正面)   縫線

對摺

(正面)

固定在袋底兩端

0.4公分

袋底片/外B布

拉鍊耳   (正面)

4. 縫合外袋身和褶子

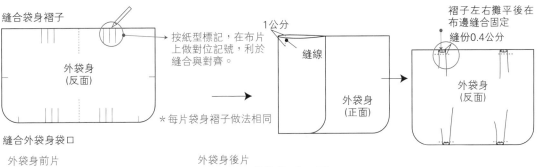

縫合袋身褶子

外袋身
(反面)

按紙型標記，在布片
上做對位記號，利於
縫合與對齊。

1公分

縫線

外袋身
(正面)

褶子左右攤平後在
布邊縫合固定
縫份0.4公分

外袋身
(反面)

*每片袋身褶子做法相同

縫合外袋身袋口

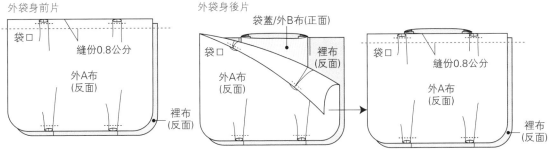

外袋身前片

袋口

縫份0.8公分

外A布
(反面)

裡布
(反面)

外袋身後片

袋蓋/外B布(正面)

袋口

外A布
(反面)

裡布
(反面)

袋口

縫份0.8公分

外A布
(反面)

裡布
(反面)

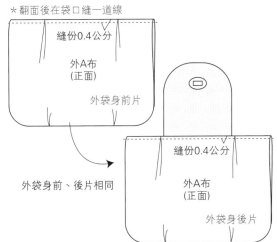

*翻面後在袋口縫一道線

縫份0.4公分

外A布
(正面)

外袋身前片

外袋身前、後片相同

縫份0.4公分

外A布
(正面)

外袋身後片

在外袋身安裝轉釦底座

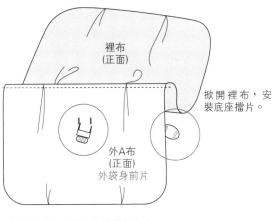

裡布
(正面)

外A布
(正面)
外袋身前片

掀開裡布，安
裝底座擋片。

*按照紙型位置標記安裝轉釦底座

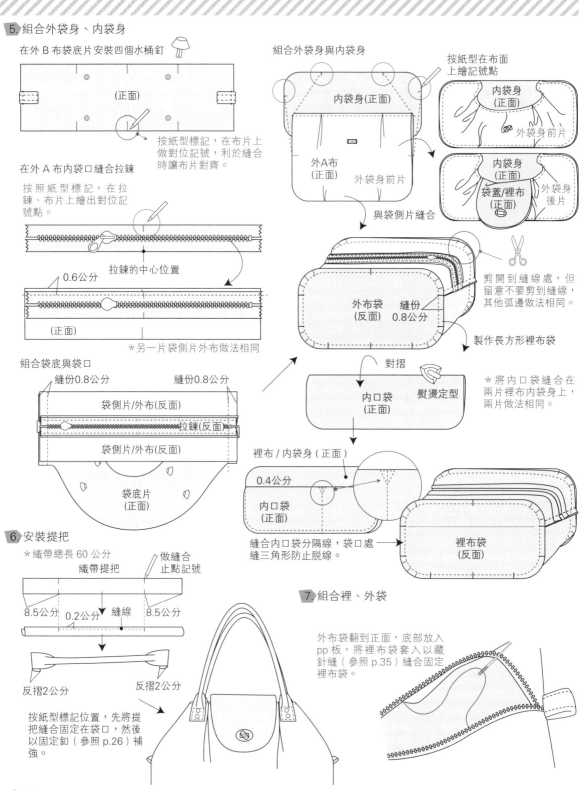

5. 組合外袋身、內袋身

在外 B 布袋底片安裝四個水桶釘

（正面）

按紙型標記，在布片上做對位記號，利於縫合時讓布片對齊。

在外 A 布內袋口縫合拉鍊

按照紙型標記，在拉鍊、布片上繪出對位記號點。

0.6公分

拉鍊的中心位置

（正面）

*另一片袋側片外布做法相同

組合袋底與袋口

縫份0.8公分　　　縫份0.8公分

袋側片/外布(反面)

拉鍊(反面)

袋側片/外布(反面)

袋底片（正面）

組合外袋身與內袋身

按紙型在布面上繪記號點

內袋身(正面)

外A布（正面）　外袋身前片

內袋身(正面)

外袋身前片

內袋身(正面)

袋蓋/裡布（正面）

外袋身後片

與袋側片縫合

剪開到縫線處，但留意不要剪到縫線，其他弧邊做法相同。

外布袋（反面）　縫份0.8公分

製作長方形裡布袋

對摺

內口袋（正面）

熨燙定型

*將內口袋縫合在兩片裡布內袋身上，兩片做法相同。

裡布 / 內袋身 (正面)

0.4公分

內口袋（正面）

縫合內口袋分隔線，袋口處縫三角形防止脫線。

裡布袋（反面）

6. 安裝提把

*織帶總長 60 公分

織帶提把

做縫合止點記號

8.5公分　0.2公分　縫線　8.5公分

反摺2公分　　反摺2公分

按紙型標記位置，先將提把縫合固定在袋口，然後以固定釦（參照 p.26）補強。

7. 組合裡、外袋

外布袋翻到正面，底部放入 pp 板，將裡布袋套入以藏針縫（參照 p.35）縫合固定裡布袋。

Dumplings Shoulder Bag
肩背行李包　　紙型檔名 no.33

成品尺寸

整體 ＊ 寬 40 × 高 25 × 厚 17 公分

提把 ＊ 總長 50 公分

材　　料

外 A 布 ＊ 寬 101 × 高 41 公分 1 片

外 B 布 ＊ 寬 82 × 高 21 公分 片

裡布 ＊ 寬 110 × 高 125 公分 1 片

薄夾棉 ＊ 寬 65 × 高 58 公分 1 片

厚夾棉 ＊ 寬 67 × 高 83 公分 1 片

縫紉用厚 pp 板 ＊ 寬 34 × 長 16 公分 1 片

撞釘磁釦 ＊ 直徑 1.7 公分 1 組

包用織帶 ＊ 寬 2 × 長 27 分分 1 條

　　　　　 寬 4 × 長 60 公分 2 條

銅拉鍊 ＊ 長 45 公分 1 條

水桶釘 ＊ 直徑 1 公分 4 組

做　　法

前置作業：裁剪好所需的布片，按紙型中標示的記號，以粉圖筆等在布料上做摺疊所需的記號，再參照以下步驟操作。

1. **貼合夾棉**：依序將兩片外袋身、一片外袋蓋反面，熨燙貼合薄夾棉；兩片內袋身、兩片袋底、兩片內口袋反面則貼合厚夾棉。

2. **縫合袋蓋、織帶與撞釘磁釦**：將織帶按紙型位置標記，縫合固定在袋蓋外布後，裡、外袋蓋對齊，縫合 U 型邊緣，並安裝撞釘磁釦公片。

3. **安裝提把**：提把縫法參照 p.240 做法 **6.**，並按紙型標記，將兩條提把固定在外袋身口。

4. **製作拉鍊耳**：參照 p.239 做法 **3.**

5. **縫合外袋身和褶子**：參照 p.239 做法 **4.**

製作步驟

6. **組合外袋身、內袋身**：參照 p.240 做法 **5.**

7. **組合裡、外袋**：參照 p.240 做法 **7.**。

2. 縫合袋蓋、織帶與撞釘磁釦

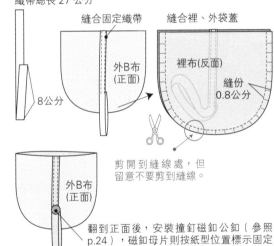

織帶總長 27 公分

縫合固定織帶

縫合裡、外袋蓋

外 B 布（正面）

裡布（反面）

縫份 0.8 公分

8 公分

外 B 布（正面）

剪開到縫線處，但留意不要剪到縫線。

翻到正面後，安裝撞釘磁釦公釦（參照 p.24），磁釦母片則按紙型位置標示固定在外袋身前片。

3. 安裝提把

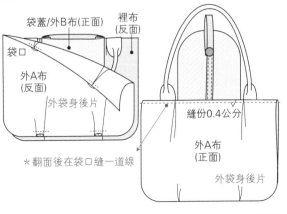

＊另一條提把做法相同

袋蓋/外 B 布（正面）

裡布（反面）

袋口

外 A 布（反面）

外袋身後片

縫份 0.4 公分

外 A 布（正面）

外袋身後片

＊翻面後在袋口縫一道線

Cat Travel Handbag
貓貓外出袋　紙型檔名 no.39

成品尺寸
整體 ＊ 寬 37 × 高 29.5 × 厚 22 公分
提把 ＊ 總長 48 公分

材　料
外布 ＊ 寬 100 × 高 70 公分 1 片
裡布 ＊ 寬 100 × 高 84 公分 1 片
厚夾棉 ＊ 寬 100 × 高 70 公分 1 片
網紗 ＊ 寬 15 × 高 25 公分 1 片
縫紉用厚 pp 板 ＊ 寬 34 × 高 24 公分 1 片
包用織帶 ＊ 寬 4 × 長 60 公分 2 條
固定釦 ＊ 直徑 0.8 公分 8 組
雞眼 ＊ 直徑 1.7 公分 3 組
銅拉鍊 ＊ 長 45 公分 1 條

做　法
前置作業： 裁剪好所需的布片，按紙型中標示的記號，以粉圖筆等在布料上做摺疊所需的記號，再參照以下步驟操作。

1. 貼合夾棉： 在兩片袋身片外布、兩片拉鍊袋口片外布、一片袋底片外布，反面貼合厚夾棉；一片內口袋反面則貼合薄夾棉。

2. 接合網紗布： 先將網紗布和袋底片縫合。

3. 製作拉鍊耳： 將拉鍊布片兩長邊向內摺 0.8 公分後再對摺，縫合對摺後固定在袋底片的兩端居中位置。

4. 製作裡、外袋身： 在兩片拉鍊袋口片外布固定拉鍊後，和袋身片、袋底片縫合成外布袋。裡布先將內口袋縫合在裡布袋身片上，然後依序將兩片拉鍊袋口片和袋底片縫合，再和袋身片縫合成裡布袋。

5. 安裝提把： 將兩條長 60 公分的提把分別在中段手提部位對摺縫合。依據紙型所標記的位置，在外袋身

製作步驟

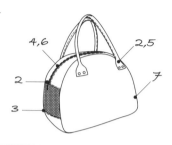

片上反摺提把兩端 2 公分織帶，將提把縫合固定在袋身上，再以固定釦補強。

6. 組合裡、外袋： 將外袋翻到正面朝外，裡袋正面朝內並套入外布袋，在裡布袋底和外布袋底之間放入縫紉用厚 pp 板，從拉鍊袋口處用藏針縫（參照 p.35）縫合裡布袋和外布袋。

7. 安裝雞眼： 按紙型標記，在和網紗袋側相對的那邊，安裝三組雞眼即完成。

2. 接合網紗布

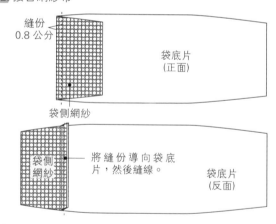

縫份 0.8 公分

袋底片（正面）

袋側網紗

袋側網紗

將縫份導向袋底片，然後縫線。

袋底片（反面）

3. 製作拉鍊耳

製作拉鍊耳

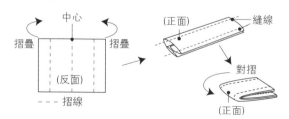

中心

摺疊　　摺疊

（反面）

－ － － 摺線

（正面）　縫線

對摺

（正面）

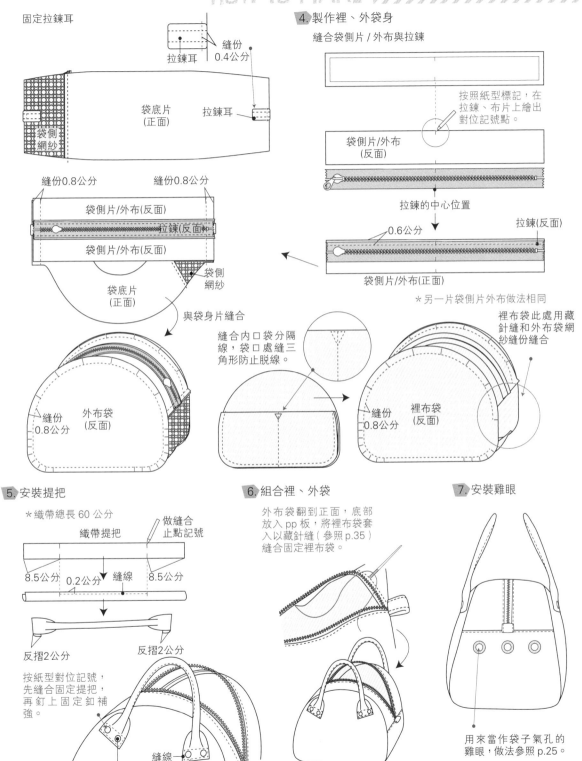

固定拉鍊耳

縫份0.4公分

拉鍊耳

袋底片(正面)　拉鍊耳

袋側網紗

縫份0.8公分　縫份0.8公分

袋側片/外布(反面)

拉鍊(反面)

袋側片/外布(反面)

袋底片(正面)

與袋身片縫合

縫份0.8公分　外布袋(反面)

4. 製作裡、外袋身

縫合袋側片/外布與拉鍊

按照紙型標記,在拉鍊、布片上繪出對位記號點。

袋側片/外布(反面)

拉鍊的中心位置

0.6公分　拉鍊(反面)

袋側片/外布(正面)

＊另一片袋側片外布做法相同

縫合內口袋分隔線,袋口處縫三角形防止脫線。

縫份0.8公分　裡布袋(反面)

裡布袋此處用藏針縫和外布袋網紗縫份縫合

5. 安裝提把

＊織帶總長60公分

做縫合止點記號

織帶提把

8.5公分　0.2公分　縫線　8.5公分

反摺2公分　反摺2公分

按紙型對位記號,先縫合固定提把,再釘上固定釦補強。

固定釦　縫線　0.2公分

6. 組合裡、外袋

外布袋翻到正面,底部放入 pp 板,將裡布袋套入以藏針縫（參照 p.35）縫合固定裡布袋。

7. 安裝雞眼

用來當作袋子氣孔的雞眼,做法參照 p.25。

Tote Bag
文青手提袋

紙型檔名 **no.90**

成品尺寸

整體＊寬 39.5 × 高 25.5 × 厚 9.5 公分

提把＊總長 36 公分

材　　料

外布＊寬 105 × 高 43 公分 1 片

做　　法

前置作業：裁剪好所需的布片，按紙型中標示的記號，以粉圖筆等在布料上做摺疊所需的記號，再參照以下步驟操作。

1. 製作提把：將提把布從正面向反面中心反摺四等份，以直線縫合固定。

2. 製作袋身：將袋身反面相對，從正面縫份 0.3 公分縫合兩邊袋側，翻到反面熨燙縫邊後，以縫份 0.5 公分再縫一次。

3. 組合提把：按紙型標記將提把縫合在袋口即完成。

3. 組合提把

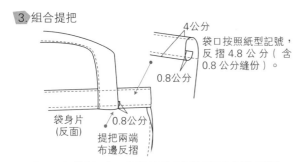

4公分

袋口按照紙型記號，反摺 4.8 公分（含 0.8 公分縫份）。

0.8公分

袋身片（反面）

0.8公分

提把兩端布邊反摺

小叮嚀

本書有幾款包包都是沒有裡布的，我採取先從正面縫合，再翻到反面縫一次的「遮邊縫（參照 p.34）」縫合方式，這樣可以包住布邊，避免布邊綻線。

製作步驟

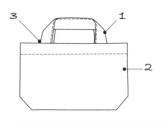

3　　1

2

1. 製作提把

將提把布片長邊對摺四等份

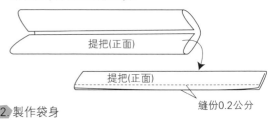

提把(正面)

提把(正面)

縫份0.2公分

2. 製作袋身

縫合袋側線

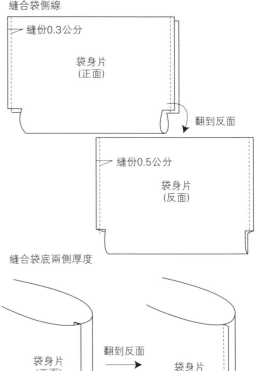

縫份0.3公分

袋身片（正面）

翻到反面

縫份0.5公分

袋身片（反面）

縫合袋底兩側厚度

袋身片（正面）

縫份0.3公分

翻到反面

袋身片（反面）

縫份0.5公分

Tote Bag With Pocket
口袋大提包 紙型檔名 no.91

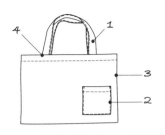

成品尺寸

整體 ✳ 寬 34 × 高 23.5 公分

提把 ✳ 總長 36 公分

材　料

外布 ✳ 寬 87 × 高 39 公分 1 片

做　法

前置作業：裁剪好所需的布片，按紙型中標示的記號，以粉圖筆等在布料上做摺疊所需的記號，再參照以下步驟操作。

1. 製作提把：將提把布從正面向反面中心反摺四等份，以直線縫合固定。

2. 製作小口袋：按紙型標記，先使用熨斗反摺袋口布邊，縫合後，其他三邊各反摺 0.8 公分，熨燙定型後縫在袋身片。

3. 製作袋身：將袋身反面相對，從正面縫份 0.3 公分縫合兩邊袋側，翻到反面熨燙縫邊後，以縫份 0.5 公分再縫一次。

4. 組合提把：按紙型標記將提把縫合在袋口即完成。

1. 製作提把

將提把布片長邊對摺四等份

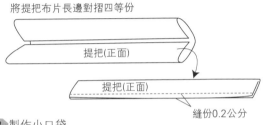

2. 製作小口袋

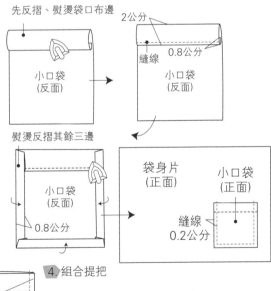

3. 製作袋身

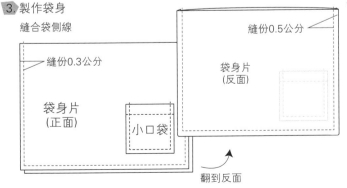

4. 組合提把

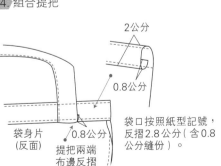

Boston Bag
波士頓包
紙型檔名 **no.92**

成品尺寸

整體 ＊ 寬 29.5 × 高 22 × 厚 20 公分

肩帶 ＊ 總長 38 公分

材　　料

外 A 布 ＊ 寬 75 × 長 60 公分 1 片

外 B 布 ＊ 寬 77 × 長 5 公分 1 片

裡布 ＊ 寬 70 × 長 57 公分 片

厚夾棉 ＊ 寬 71 × 長 54 公分 1 片

水桶釘 ＊ 直徑 1 公分 4 組

銅拉鍊 ＊ 長 28 公分 1 條

包用織帶 ＊ 寬 4 × 長 50 公分 2 條

固定釦 ＊ 直徑 0.6 公分 8 組

芽條用棉繩 ＊ 粗 0.4 × 長 70 公分 1 條

做　　法

前置作業：裁剪好所需的布片，按紙型中標示的記號，以粉圖筆等在布料上做摺疊所需的記號，再參照以下步驟操作。

1. **貼合夾棉**：在袋身片外布、袋底補強布、兩片袋側片反面貼合厚夾棉。

2. **製作拉鍊耳**：將拉鍊布片兩長邊向內摺 0.8 公分後再對摺，縫合對摺後固定在袋側片的兩頂端居中位置。

3. **縫合外袋底補強布片**：按紙型標示位置，在袋身片外布縫合袋底補強布片。

4. **包芽條**：將兩條袋側芽條分別中間包入一條長 70 公分的棉繩，以粗針縫固定在袋側片，和布邊貼齊。

5. **固定拉鍊和拉鍊擋片**：在外袋身片袋口縫合拉鍊。

6. **製作袋身**：將裡、外袋身片和袋側片分別縫成兩個袋身，在外袋底四個角落裝上水桶釘。

7. **固定提把**：將兩條長 50 公分的提把分別在中段手

製作步驟

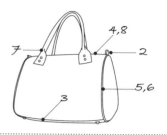

提部位對摺縫合，依據紙型所標記的位置，將提把縫合固定在袋身上，再以固定釦補強。

8. **組合裡、外袋**：將外袋翻到正面朝外、裡袋正面朝內並套入外袋中，從拉鍊袋口處，用藏針縫（參照 p.35）縫合裡袋和外袋即完成。

2. 製作拉鍊耳

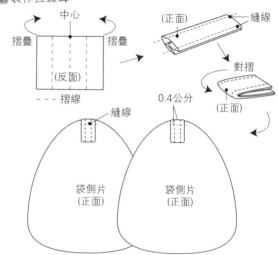

3. 縫合外袋底補強布片

將四邊縫份反摺

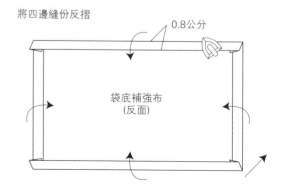

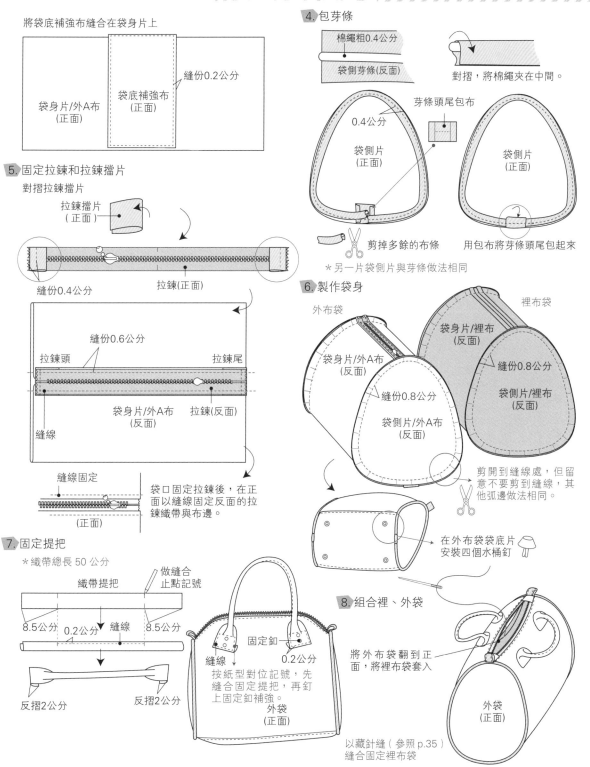

將袋底補強布縫合在袋身片上

縫份0.2公分

袋身片/外A布
(正面)

袋底補強布
(正面)

5. 固定拉鍊和拉鍊擋片

對摺拉鍊擋片

拉鍊擋片
(正面)

縫份0.4公分

拉鍊(正面)

縫份0.6公分

拉鍊頭

拉鍊尾

袋身片/外A布
(反面)

拉鍊(反面)

縫線

縫線固定

(正面)

袋口固定拉鍊後，在正
面以縫線固定反面的拉
鍊織帶與布邊。

7. 固定提把

＊織帶總長 50 公分

織帶提把

做縫合
止點記號

8.5公分 0.2公分 縫線 8.5公分

反摺2公分 反摺2公分

固定釦

縫線

0.2公分

按紙型對位記號，先
縫合固定提把，再釘
上固定釦補強。

外袋
(正面)

以藏針縫（參照 p.35）
縫合固定裡布袋

4. 包芽條

棉繩粗0.4公分

袋側芽條(反面)

對摺，將棉繩夾在中間。

芽條頭尾包布

0.4公分

袋側片
(正面)

袋側片
(正面)

剪掉多餘的布條

用包布將芽條頭尾包起來

＊另一片袋側片與芽條做法相同

6. 製作袋身

外布袋

裡布袋

袋身片/裡布
(反面)

袋身片/外A布
(反面)

縫份0.8公分

袋側片/裡布
(反面)

縫份0.8公分

袋側片/外A布
(反面)

剪開到縫線處，但留
意不要剪到縫線，其
他弧邊做法相同。

在外布袋袋底片
安裝四個水桶釘

8. 組合裡、外袋

將外布袋翻到正
面，將裡布袋套入

外袋
(正面)

247

Shoulder Two-way Bag
肩背兩用包 　紙型檔名 **no.93**

成品尺寸

整體 ✷ 寬 28 × 高 23 × 厚 8 公分

背帶 ✷ 總長 116 公分（可調整長短）

材　　料

外 A 布 ✷ 寬 90 × 高 60 公分 1 片

外 B 布 ✷ 寬 30 × 高 22 公分 1 片

裡布 ✷ 寬 92 × 高 54 公分 1 片

水桶釘 ✷ 直徑 1 公分 4 組

口型環 ✷ 寬 2.5 公分 4 組

日型環 ✷ 寬 2.5 公分 2 組

固定釦 ✷ 直徑 1 公分 4 組

手縫磁釦 ✷ 直徑 1 公分 1 組

拉鍊 ✷ 長 25 公分 1 條

做　　法

前置作業：裁剪好所需的布片，按紙型中標示的記號，以粉圖筆等在布料上做摺疊所需的記號，再參照以下步驟操作。

1. **製作裡、外袋身和內口袋：**在袋身裡布後片固定拉鍊內口袋。將裡、外袋身片和袋側片分別縫成兩個袋身，裡袋預留返口，在外袋底四個角落裝上水桶釘。

2. **製作、安裝袋蓋片：**縫合袋蓋片裡、外布片，預留返口翻到正面，熨燙返口縫份，然後按紙型標記，對齊袋身片的「背面袋蓋固定線」，以直線縫合固定。

3. **製作肩背帶、口環耳：**將肩背帶布從正面向反面中心反摺四等份，以直線縫合固定，口環耳做法相同。可調式背帶做法參照 p.30。

4. **固定肩背帶在外布袋上：**按紙型標記，在前後袋身分別縫合固定肩背帶，並安裝固定釦補強。

5. **組合裡、外袋：**外袋正面朝外、正面朝內的內袋互

製作步驟

套，並且把袋蓋、肩背帶等凸出的布片都塞進袋內，兩袋袋口對齊，以 0.8 公分縫份縫合，然後翻到正面，用藏針縫（參照 p.35）縫合返口，在袋身和袋蓋縫上磁釦即完成。

1. 製作裡、外袋身和內口袋

在內口袋上縫合拉鍊

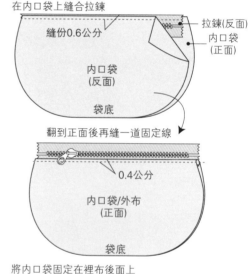

翻到正面後再縫一道固定線

將內口袋固定在裡布後面上

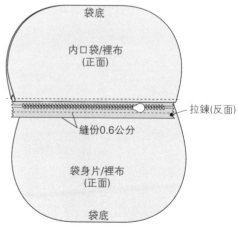

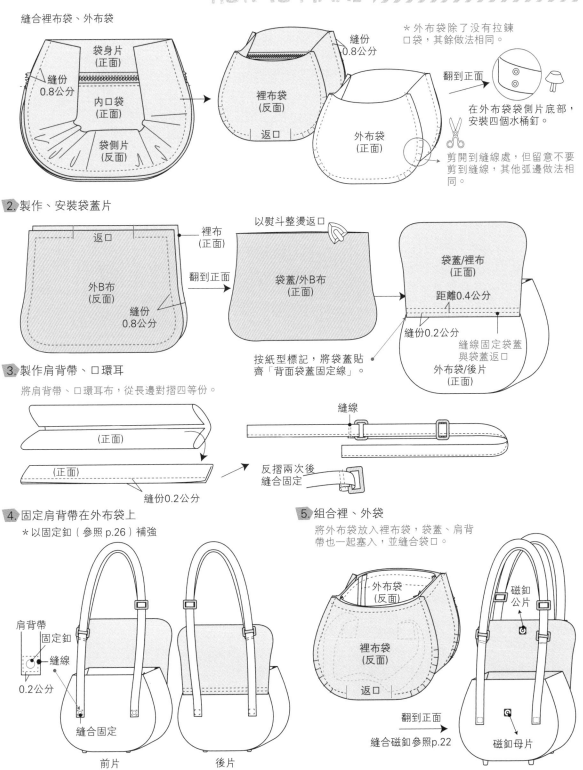

縫合裡布袋、外布袋

袋身片
（正面）

縫份
0.8公分

內口袋
（正面）

袋側片
（反面）

縫份
0.8公分

裡布袋
（反面）

返口

外布袋
（正面）

＊外布袋除了沒有拉鍊
口袋，其餘做法相同。

翻到正面

在外布袋袋側片底部，
安裝四個水桶釘。

剪開到縫線處，但留意不要
剪到縫線，其他弧邊做法相
同。

2. 製作、安裝袋蓋片

返口

裡布
（正面）

外B布
（反面）

縫份
0.8公分

以熨斗整燙返口

翻到正面

袋蓋/外B布
（正面）

按紙型標記，將袋蓋貼
齊「背面袋蓋固定線」。

袋蓋/裡布
（正面）

距離0.4公分

縫份0.2公分

縫線固定袋蓋
與袋蓋返口

外布袋/後片
（正面）

3. 製作肩背帶、口環耳

將肩背帶、口環耳布，從長邊對摺四等份。

（正面）

（正面）

縫份0.2公分

反摺兩次後
縫合固定

縫線

4. 固定肩背帶在外布袋上

＊以固定釦（參照 p.26）補強

肩背帶

固定釦

縫線

0.2公分

縫合固定

前片

後片

5. 組合裡、外袋

將外布袋放入裡布袋，袋蓋、肩背
帶也一起塞入，並縫合袋口。

外布袋
（反面）

裡布袋
（反面）

返口

翻到正面

縫合磁釦參照p.22

磁釦
公片

磁釦母片

249

Mustard Yellow Bag
芥黃貝殼包
紙型檔名 **no.94**

Navy Blue Bag
藏青貝殼包
紙型檔名 **no.95**

成品尺寸

整體＊寬 35× 高 32× 厚 15 公分

肩帶＊總長 55 公分

材　料

外 A 布＊寬 87× 高 35 公分 1 片

外 B 布＊寬 82× 高 20 公分 1 片

裡布＊寬 87× 高 70 公分 1 片

厚夾棉＊寬 96× 高 35 公分 1 片

皮革＊寬 59× 高 13 公分 × 厚度 0.2 公分 1 片

固定釦＊直徑 0.6 公分 8 組

芽條用棉繩＊粗 0.4×90 公分 1 條

銅拉鍊＊長 45 公分 1 條

＊藏青貝殼包材料省略「皮革」，增加「現成皮製提把 60 公分長」，其餘相同。

做　法

前置作業： 裁剪好所需的布片和皮革，按紙型中標示的記號，以粉圖筆等在布料和皮革上做摺疊所需的記號，再參照以下步驟操作。

1. 貼合夾棉： 在兩片袋身片外布、袋底外布反面貼合厚夾棉。

2. 製作皮革提把： 手縫縫合皮提把，做法參照 p.27。

3. 固定拉鍊和拉鍊擋片： 在外袋身片袋口縫合拉鍊。

4. 包芽條： 將芽條中間包入一條長 90 公分的棉繩，固定在袋底外布邊緣。

5. 縫合袋身： 將裡、外袋身片和袋底片分別縫成兩個

製作步驟

芥黃貝殼包　　　　藏青貝殼包

袋身，並將裡布袋反面朝外放入外布袋中，用藏針縫（參照 p.35）從袋口拉鍊處組合兩袋。

6. 安裝提把： 依據紙型所標記的位置，在外袋身片上縫合固定提把，然後以固定釦補強即完成。

2. 製作皮革提把

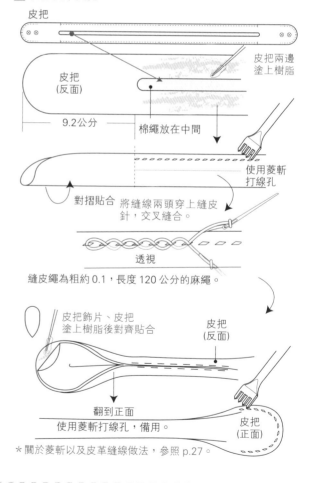

皮把

皮把兩邊塗上樹脂

皮把（反面）

9.2公分　　棉繩放在中間

使用菱斬打線孔

對摺貼合　將縫線兩頭穿上縫皮針，交叉縫合。

透視

縫皮繩為粗約 0.1，長度 120 公分的麻繩。

皮把飾片、皮把塗上樹脂後對齊貼合

皮把（反面）

翻到正面
使用菱斬打線孔，備用。

皮把（正面）

＊關於菱斬以及皮革縫線做法，參照 p.27。

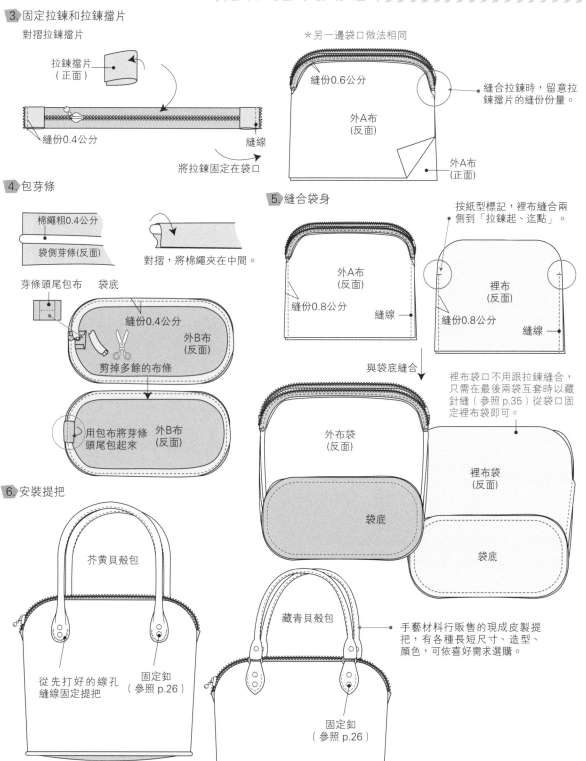

3. 固定拉鍊和拉鍊擋片

對摺拉鍊擋片

拉鍊擋片
（正面）

縫份0.4公分

縫線

將拉鍊固定在袋口

＊另一邊袋口做法相同

縫份0.6公分

外A布
（反面）

縫合拉鍊時，留意拉
鍊擋片的縫份份量。

外A布
（正面）

4. 包芽條

棉繩粗0.4公分

袋側芽條(反面)

對摺，將棉繩夾在中間。

芽條頭尾包布　袋底

縫份0.4公分

外B布
（反面）

剪掉多餘的布條

用包布將芽條
頭尾包起來

外B布
（反面）

5. 縫合袋身

按紙型標記，裡布縫合兩
側到「拉鍊起、迄點」。

外A布
（反面）

縫份0.8公分

縫線

裡布
（反面）

縫份0.8公分

縫線

與袋底縫合

裡布袋口不用跟拉鍊縫合，
只需在最後兩袋互套時以藏
針縫（參照 p.35）從袋口固
定裡布袋即可。

外布袋
（反面）

袋底

裡布袋
（反面）

袋底

6. 安裝提把

芥黃貝殼包

從先打好的線孔
縫線固定提把

固定釦
（參照 p.26）

藏青貝殼包

手藝材料行販售的現成皮製提
把，有各種長短尺寸、造型、
顏色，可依喜好需求選購。

固定釦
（參照 p.26）

Canvas Drawstring Back Pack
帆布後背包　紙型檔名 no.96

成品尺寸
整體＊寬 25×高 30×厚 10 公分

材　料
外布＊寬 110×高 75 公分 1 片
鋪棉布＊寬 73×高 38 公分 1 片
皮革＊寬 13×高 9 公分 1 片
固定釦＊直徑 0.8 公分 2 組
撞釘磁釦＊直徑 1.7 公分 3 組
雞眼＊直徑 1.7 公分 8 組
口型環＊寬 2.5 公分 2 組
日型環＊寬 2.5 公分 2 組

做　　法
前置作業：裁剪好所需的布片，按紙型中標示的記號，以粉圖筆等在布料上做摺疊所需的記號，再參照以下步驟操作。

1. 製作大小袋蓋、釦耳：將袋蓋外布、裡布正面相對，在反面縫合 U 型邊緣，翻到正面後熨燙，再安裝皮革釦耳、撞釘磁釦公片。

2. 製作外口袋、安裝口袋磁釦母片、小袋蓋：安照紙型標記固定磁釦母片後，將外口袋反面對摺後，縫合並固定在袋身片上。

3. 縫合袋身：分別將袋身片裡布、鋪棉布縫成袋型。

4. 製作背帶、提把、口環耳：將背帶布向反面中心反摺四等份，縫合固定，提把、口環耳做法相同。可調式背帶做法參照 p.30。

5. 固定大袋蓋、背帶、提把和袋身成型：依據紙型所標記的位置，將大袋蓋、背帶與提把，一起固定在外袋身後片袋口後，背帶接口環耳那端固定在袋身底部，裡布袋和外布袋縫合成一個袋型。

製作步驟

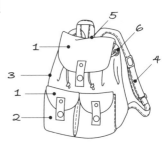

6. 安裝袋口雞眼與製作束口繩：依據紙型所標記的位置，依序安裝八組雞眼，以及裝上縫成條狀的束口繩即完成。

1. 製作大小袋蓋、釦耳

縫合小袋蓋

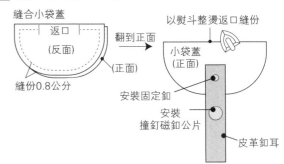

返口
(反面)
翻到正面
縫份0.8公分
(正面)
以熨斗整燙返口縫份
小袋蓋
(正面)
安裝固定釦
安裝撞釘磁釦公片
皮革釦耳

縫合大袋蓋

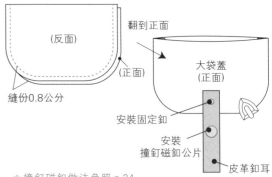

(反面)
翻到正面
縫份0.8公分
(正面)
大袋蓋
(正面)
安裝固定釦
安裝撞釘磁釦公片
皮革釦耳

＊撞釘磁釦做法參照 p.24
＊固定釦做法參照 p.26

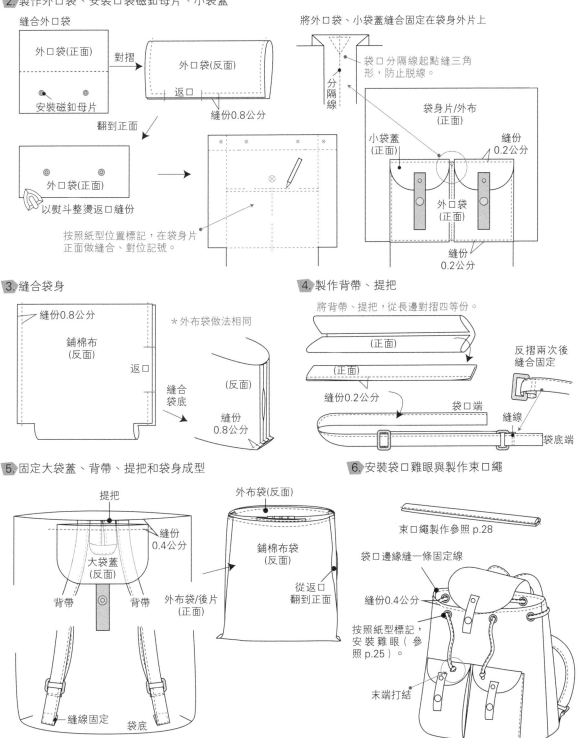

2. 製作外口袋、安裝口袋磁釦母片、小袋蓋

縫合外口袋

外口袋(正面)

對摺 →

外口袋(反面)

返口

縫份0.8公分

安裝磁釦母片

翻到正面 ↓

外口袋(正面)

以熨斗整燙返口縫份

按照紙型位置標記，在袋身片正面做縫合、對位記號。

將外口袋、小袋蓋縫合固定在袋身外片上

袋口分隔線起點縫三角形，防止脫線。

分隔線

袋身片/外布(正面)

小袋蓋(正面)

縫份0.2公分

外口袋(正面)

縫份0.2公分

3. 縫合袋身

縫份0.8公分

鋪棉布(反面)

返口

縫合袋底

＊外布袋做法相同

(反面)

縫份0.8公分

4. 製作背帶、提把

將背帶、提把，從長邊對摺四等份。

(正面)

(正面)

縫份0.2公分

袋口端

反摺兩次後縫合固定

縫線

袋底端

5. 固定大袋蓋、背帶、提把和袋身成型

提把

縫份0.4公分

大袋蓋(反面)

背帶 背帶

縫線固定 袋底

外布袋(反面)

鋪棉布袋(反面)

從返口翻到正面

外布袋/後片(正面)

6. 安裝袋口雞眼與製作束口繩

束口繩製作參照 p.28

袋口邊緣縫一條固定線

縫份0.4公分

按照紙型標記，安裝雞眼（參照 p.25）。

末端打結

Canvas Drawstring Bag
帆布束口袋
紙型檔名 **no.97**

成品尺寸
整體 ＊ 寬 25 × 高 28 × 厚 25 公分
提把 ＊ 總長 53 公分

材　料
外布 ＊ 寬 110 × 高 50 公分 1 片
裡布 ＊ 寬 110 × 高 30 公分 1 片
棉繩 ＊ 粗 0.4 × 長 100 公分 2 條

做　法
前置作業： 裁剪好所需的布片，按紙型中標示的記號，以粉圖筆等在布料上做摺疊所需的記號，再參照以下步驟操作。

1. 製作提把： 將提把布從正面向反面中心反摺四等份後，以直線縫合固定。

2. 縫合裡、外袋身： 分別將裡、外袋身片、袋底片縫成袋型，在外袋身兩側預留束口繩入口。

3. 袋身成型： 先將提把固定在袋口，套入正面朝內的裡布袋，按紙型標記將外布袋往內反摺袋口後縫合。

4. 安裝束口繩： 裝上束口繩即完成。

製作步驟

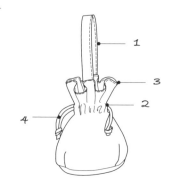

1. 製作提把

　將提把布片長邊對摺四等份

提把(正面)

提把(正面)

縫份0.2公分

2. 縫合裡、外袋身

　裡布袋的製作

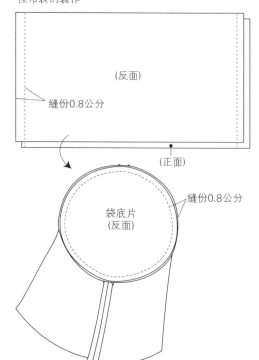

(反面)

縫份0.8公分

(正面)

縫份0.8公分

袋底片
(反面)

外布袋的製作

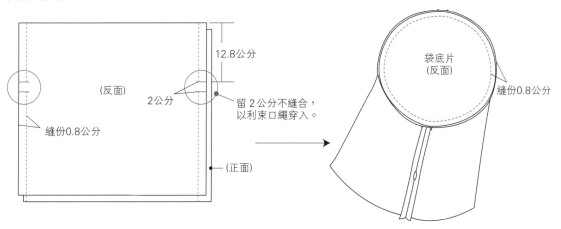

12.8公分

(反面)

2公分

留 2公分不縫合，
以利束口繩穿入。

縫份0.8公分

(正面)

袋底片
(反面)

縫份0.8公分

3. 袋身成型

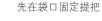

先在袋口固定提把

縫份0.4公分

提把

外布袋(正面)

套入裡布袋

裡布袋(正面)

外布袋(正面)

縫合袋口與
束口繩入口

往內反摺

(反面)

縫線
0.2公分

距離2公分

4. 安裝束口繩

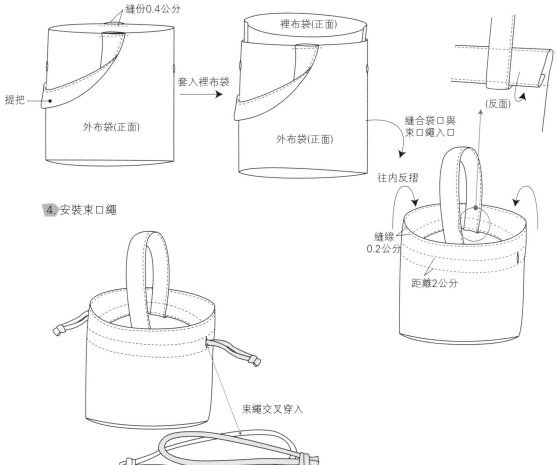

束繩交叉穿入

Two-way Duffle Bag
兩用旅行袋 　紙型檔名 no.93

成品尺寸

整體＊寬 34 × 高 24 × 厚 21 公分

肩帶＊總長 55 公分

材　料

外布＊寬 100 × 高 78 公分 1 片

裡布＊寬 87 × 高 95 公分 1 片

厚夾棉＊寬 74 × 高 71 公分 1 片

銅拉鍊＊長 45 公分 1 條

壓釦＊直徑 0.8 公分 4 組

D 型環＊寬 2.5 公分 2 組

問號鉤＊寬 2.5 公分 2 組

日型環＊寬 2.5 公分 1 組

包用織帶＊寬 4 × 長 106 公分 2 條

　　　　　寬 2.5 × 長 150 公分 1 條

縫紉用厚 pp 板＊寬 34 × 長 20.5 公分 1 片

做　法

前置作業：裁剪好所需的布片，按紙型中標示的記號，以粉圖筆等在布料上做摺疊所需的記號，再參照以下步驟操作。

1.貼合夾棉和布襯：在兩片袋身片外布、兩片袋側片外布、一片袋底片外布反面貼合厚夾棉。

2.固定內口袋、內側口袋：將二片袋口以三摺縫縫合，分別固定在兩片裡布袋身片上。

3.縫合提把與前口袋：將袋口以三摺縫縫合，再把兩條長 106 公分的織帶分別在中段手提部位對摺後縫合，按紙型標記，連同前口袋固定在袋身前片上。

4.製作側口袋、D 環耳：將側口袋與袋側飾片固定在袋底片兩端，並安裝固定釦。

5.縫合袋身：依序將各部位分別縫成兩個袋身，並將

製作步驟

裡布袋反面朝外放入外布袋中，用藏針縫（參照 p.35）從袋口拉鍊處組合兩袋後，鉤上肩背帶（可調式背帶做法參照 p.30）即完成。

2.固定內口袋、內側口袋
　以三摺縫固定袋口布邊

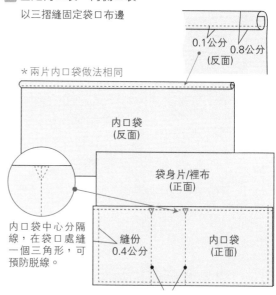

0.1公分　0.8公分
（反面）

＊兩片內口袋做法相同

內口袋
（反面）

袋身片/裡布
（正面）

內口袋中心分隔線，在袋口處縫一個三角形，可預防脫線。

縫份 0.4公分

內口袋
（正面）

＊兩片袋身片 / 裡布做法相同　　按照紙型標記，在內口袋與裡布袋身上縫合分隔線。

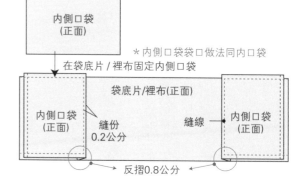

內側口袋
（正面）

＊內側口袋袋口做法同內口袋

在袋底片 / 裡布固定內側口袋

袋底片/裡布(正面)

內側口袋
（正面）

縫份 0.2公分

縫線

內側口袋
（正面）

反摺0.8公分

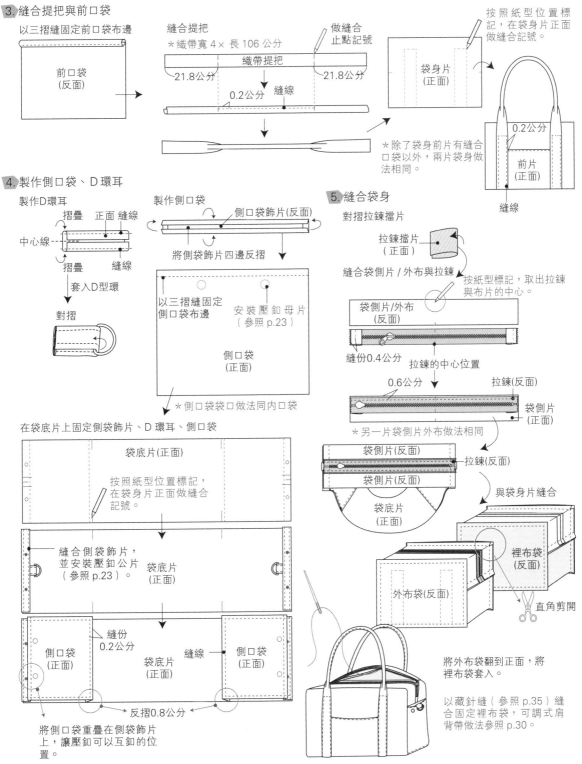

3. 縫合提把與前口袋

以三摺縫固定前口袋布邊

前口袋
(反面)

縫合提把
＊織帶寬 4× 長 106 公分

做縫合
止點記號

織帶提把
21.8公分　　　21.8公分
0.2公分　縫線

按照紙型位置標記，在袋身片正面做縫合記號。

袋身片
(正面)

＊除了袋身前片有縫合口袋以外，兩片袋身做法相同。

0.2公分

前片
(正面)

縫線

4. 製作側口袋、D環耳

製作D環耳

摺疊　正面　縫線
中心線
摺疊　縫線

套入D型環

對摺

製作側口袋
側口袋飾片(反面)

將側袋飾片四邊反摺

以三摺縫固定側口袋布邊

安裝壓釦母片
(參照 p.23)

側口袋
(正面)

＊側口袋袋口做法同內口袋

在袋底片上固定側袋飾片、D環耳、側口袋

袋底片(正面)

按照紙型位置標記，在袋身片正面做縫合記號。

縫合側袋飾片，並安裝壓釦公片
(參照 p.23)。

袋底片
(正面)

縫份
0.2公分

側口袋
(正面)

袋底片
(正面)

縫線

側口袋
(正面)

反摺0.8公分

將側口袋重疊在側袋飾片上，讓壓釦可以互釦的位置。

5. 縫合袋身

對摺拉鍊擋片

拉鍊擋片
(正面)

縫合袋側片 / 外布與拉鍊

按紙型標記，取出拉鍊與布片的中心。

袋側片/外布
(反面)

縫份0.4公分　拉鍊的中心位置

0.6公分　　　　拉鍊(反面)

袋側片
(正面)

＊另一片袋側片外布做法相同

袋側片(反面)
拉鍊(反面)
袋側片(反面)

袋底片
(正面)

與袋身片縫合

裡布袋
(反面)

外布袋(反面)

直角剪開

將外布袋翻到正面，將裡布袋套入。

以藏針縫(參照 p.35)縫合固定裡布袋，可調式肩背帶做法參照 p.30。

Handkerchief Handbag
方巾提包

紙型檔名 **no.99**

成品尺寸

整體 ✽ 寬 36× 高 25× 厚 6 公分
提把 ✽ 總長 44 公分

材　　料

外 A 布 ✽ 寬 40× 高 20 公分 1 片
外 B 布 ✽ 寬 46× 高 59 公分 1 片
外 C 布 ✽ 寬 57× 高 33 公分 1 片
裡布 ✽ 寬 40× 高 54 公分 1 片

做　　法

前置作業：裁剪好所需的布片，按紙型中標示的記號，以粉圖筆等在布料上做摺疊所需的記號，再參照以下步驟操作。

1. 接合袋身片：接合上、下袋身片。

2. 縫合袋口角巾：以三摺縫合角巾 L 邊。

3. 製作提把：將提把布向反面中心反摺四等份後縫合。

4. 縫合裡、外袋身：將外袋身和袋身裡布各自縫合成袋，在內布袋留返口，兩片袋口角巾以縫份 0.4 公分和內布袋口縫合，提把則固定在外袋口邊緣。

5. 袋身成型：將外布袋正面朝外，套入反面朝外的裡布袋，以縫份 0.8 公分沿著袋口縫合固定，翻到正面後，用藏針縫（參照 p.35）縫合返口即完成。

4. 縫合裡、外袋身

兩袋正面相對套在一起，沿袋口縫合一圈。

縫份 0.8 公分
裡布袋（反面）
外布袋（反面）

製作步驟

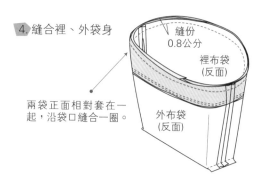

1. 接合袋身片

縫份 0.8 公分
上袋身片（反面）
下袋身片（正面）
上袋身片（反面）

上袋身片（反面）
距離 0.4 公分
下袋身片（反面）
將縫份往下袋身片壓平之後縫線固定
上袋身片（反面）

2. 縫合袋口角巾

反面
縫線
0.4 公分
袋口角巾（反面）

3. 製作提把

將提把布片長邊對摺四等份

提把（正面）
提把（正面）
縫份 0.2 公分

4. 縫合裡、外袋身

縫份 0.8 公分
袋身片/裡布（反面）
返口

＊袋身外布做法相同

（反面）
縫合袋底
縫份 0.8 公分

將袋口角巾沒有三摺縫的布邊，縫合固定在裡布袋袋口。

0.4 公分
縫線
外布袋（正面）
提把

0.4 公分
縫線
袋口角巾（正面）
袋口角巾（正面）
裡布袋（正面）

Pleats Shoulder Bag
褶子肩背包 紙型檔名 **no.100**

製作步驟

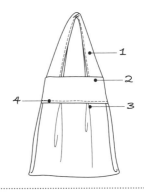

成品尺寸

整體 ✳ 寬 44 × 高 80 公分

肩帶 ✳ 總長 55 公分

材　料

外 A 布 ✳ 寬 60 × 高 40 公分 1 片

外 B 布 ✳ 寬 55 × 高 55 公分 1 片

做　法

前置作業：裁剪好所需的布片，按紙型中標示的記號，以粉圖筆等在布料上做摺疊所需的記號，再參照以下步驟操作。

1. 縫合肩帶兩側縫份：以三摺縫的方式縫合兩長邊。

2. 縫合袋口片：兩片袋口片正面相對，接合兩側，另外兩片做法相同，並且在兩側接縫肩帶。

3. 縫合兩側與袋口褶子：縫合袋口上端的褶子。

4. 接合袋身和袋口：將外布袋口正面朝袋身外布正面，按紙型中心點等對位記號縫合，剩下的裡布袋口則用藏針縫（參照 p.35）和袋身縫合即完成。

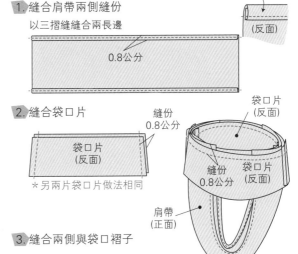

1. 縫合肩帶兩側縫份
以三摺縫縫合兩長邊
0.8公分
（反面）

2. 縫合袋口片
縫份 0.8公分
袋口片（反面）
＊另兩片袋口片做法相同
袋口片（反面）
縫份 0.8公分
袋口片（反面）
肩帶（正面）

3. 縫合兩側與袋口褶子
＊先從正面縫合兩側，做遮邊縫（參照 p.34）。
縫份 0.3公分
袋身片（正面）
縫份 0.5公分
袋身片（反面）
縫合袋口褶子
＊按照紙型標記摺疊
縫份 0.4公分
袋身片（反面）

4. 接合袋身和袋口

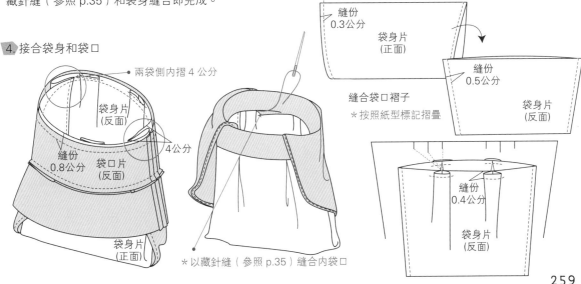

兩袋側內摺 4 公分
袋身片（反面）
4公分
縫份 0.8公分
袋口片（反面）
袋身片（正面）
＊以藏針縫（參照 p.35）縫合內袋口

詞彙解釋

以下整理本書常見與相關的專有名詞資訊，幫助你瞭解這些名詞，成為縫紉達人。

紙　　　型	又稱作版型，所有的布作品如：包包、服裝、帽子等，通常製作程序上都需要事先繪製紙型，再依紙型將所需用布剪裁好使用。
外布、裡布	外布又稱作「外片」、「本片」、「表布」，所有布作品最外部示人的主要布料都以此稱。反之稱為裡布或稱「裡片」。
布 料 排 版	又稱作「拼版」，指將已經繪製好、剪好的紙型，依需要排放在用布上的動作。可參照本書中任何一件包包作品紙型檔案中，都附有布料排版圖，可幫助剛入門的手作族在剪裁布片的時候，不浪費且剪裁布紋方向正確。
布 紋 方 向	任何布料都有織線的經緯方向之分，依照布的經緯，所以布紋會有方向性。本書紙型上常見的布紋標記是直布紋和斜布紋。包包的布邊，常以斜布紋方向剪裁的斜紋布條修飾布邊（參照 p.33 斜紋布剪法和接布）。 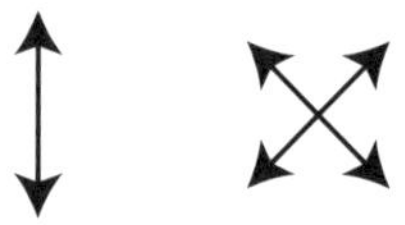 直布紋圖示　　斜布紋圖示
布的常見幅寬	購買布料的時候，要瞭解布料的出廠固定寬度，並且對應本書作品材料中，布料的使用量，本書大部份的作品都使用幅寬約 110 ～ 120 公分（3 尺 8 寬）的布料。台灣布行常見的尺寸有三種：3 尺寬（約 90 ～ 92 公分）、3 尺 8 寬（約 110 ～ 120 公分）、5 尺寬（約 145 ～ 155 公分）。
雙 　記 　號	在紙型上，常常會看到「雙」，指的是對稱的紙型，只需繪製 1/2 的版型。標示「雙」的那邊就是攤開紙型的中心線，因此在使用本書紙型裁剪布片的時候，記得預先將布料對摺，再覆蓋紙型，將標示「雙」的那邊對齊布的對摺線，即可開始裁剪需要的布片。
芽 口 記 號	是指用剪刀在紙型或布邊緣所剪下的小三角記號，不要剪得過大，最好小於所留的縫份，有利於縫合過程的對齊與位置標記。芽口記號和 p.37 弧形邊緣的縫份芽口略有不同，前者的作用在於記號對齊，後者是縫合有弧度的布片，為了成品邊緣的平順，在縫合後的布邊剪出等距芽口，幫助成品的外形更加美觀。
返 　　　口	又稱反轉口，當布作品完成後從裡面翻到正面的翻面出口，製作有內裡的包包都必須預留返口在裡布袋，有利於縫合後將作品從反面翻到正面。
貼布、貼布繡	將有特定造型的布片固定在布的正面上，即貼。以手縫或者縫紉機相關的貼布縫合功能將布片縫合，這動作就叫貼布繡。
三 　摺 　縫	一種將布邊縫合、收邊的摺布方式，並不是摺三次所以稱三摺，而是因為摺過兩次的布片縫合固定後，共三層之意。

File Index

光碟目錄索引

頁碼	作品名稱	資料夾名稱	頁碼	作品名稱	資料夾名稱	頁碼	作品名稱	資料夾名稱
p.40	多功能拉鍊包	no.01	p.71	收納拉鍊小包	no.34	p.103	英倫書包	no.69
p.46	帆布筆袋	no.02	p.73	拉鍊化妝包	no.35	p.104	蕾絲蛋糕包	no.70
p.47	帆布手提書衣	no.03	p.74	百褶包	no.36	p.104	皮提把蛋糕包	no.71
p.47	點點手提書衣	no.04	p.75	帆布拉鍊包	no.37	p.105	斜肩水桶包	no.72
p.48	迷你蕾絲包	no.05	p.78	側肩雕花鍊包	no.38	p.106	圓點托特包	no.67
p.49	雕花口金包	no.06	p.79	點點水壺袋	no.39	p.107	旅行收納袋	no.73
p.50	蝴蝶結零錢包	no.07	p.79	蝴蝶結酒袋	no.40	p.107	拉鍊收納袋	no.74
p.50	蕾絲口金包	no.08	p.80	手提醫生包	no.41	p.110	粉紅格子袋	no.75
p.51	拉鍊餐具套	no.09	p.82	紅色條紋包	no.42	p.110	碎花提袋	no.76
p.52	蕾絲面紙套	no.10	p.83	文字書包	no.43	p.111	肩背行李包	no.88
p.52	雜貨風面紙套	no.11	p.83	肩背休閒包	no.44	p.112	橢圓書袋	no.77
p.53	幾何圖案面紙套	no.12	p.84	小黑鳥包	no.45	p.113	可頌斜背包	no.78
p.54	拉鍊手機包	no.27	p.84	小橘鳥包	no.46	p.114	扇型手提袋	no.79
p.55	手機包	no.28	p.84	青鳥包	no.47	p.115	口袋小提包	no.80
p.56	格子長夾	no.13	p.86	托特包	no.49	p.115	隨手小提袋	no.81
p.56	花長夾	no.14	p.87	輕便托特包	no.55	p.115	萬用小提袋	no.82
p.58	手腕小錢包	no.15	p.87	印花輕便包	no.56	p.116	肩背方書包	no.83
p.58	手腕拉鍊小包	no.16	p.88	可頌包	no.48	p.117	長形骰子包	no.84
p.59	化妝面紙兩用包	no.18	p.89	褶子手提袋	no.50	p.118	褶子口金提包	no.85
p.59	拼布風化妝包	no.17	p.89	萬用手提袋	no.51	p.119	花花口金提包	no.86
p.60	多功能旅行包	no.19	p.90	縮褶淑女包	no.52	p.120	格子單肩包	no.87
p.62	印花小圓包	no.20	p.90	蕾絲淑女包	no.53	p.121	貓貓外出袋	no.89
p.62	蕾絲小圓包	no.20	p.91	泡芙包	no.54	p.122	文青手提袋	no.90
p.63	蝴蝶結腕包	no.21	p.92	兩用印花包	no.57	p.123	口袋大提包	no.91
p.63	手腕拉鍊圓包	no.22	p.94	丹寧格紋袋	no.66	p.124	波士頓包	no.92
p.64	半圓肩背包	no.24	p.95	兩用丹寧包	no.58	p.125	肩背兩用包	no.93
p.65	半圓包	no.25	p.96	字母兩用袋	no.59	p.126	芥黃貝殼包	no.94
p.65	條紋圓包	no.26	p.97	提把化妝包	no.60	p.127	藏青貝殼包	no.95
p.66	信封包	no.29	p.98	口金化妝包	no.61	p.128	帆布後背包	no.96
p.67	小扁方包	no.23	p.99	蕾絲花包	no.65	p.129	帆布束口袋	no.97
p.68	金屬釦環方包	no.30	p.100	M型口金包	no.62	p.130	兩用旅行袋	no.98
p.69	金屬釦環圓包	no.31	p.101	珠釦口金包	no.63	p.132	方巾提包	no.99
p.70	口金短夾	no.32	p.101	肩背口金包	no.64	p.133	褶子肩背包	no.100
p.71	立體粽子包	no.33	p.102	夢幻英倫包	no.68			

＊本書紙型均已經包含縫份，印出後即可開始裁剪使用。

材料哪裏買？

北 部 地 區

佑諡布行	台北市迪化街一段 21 號 2 樓 2034 室（永樂市場 2 樓）	（02）2556-6933
華興布行	台北市迪化街一段 21 號 2 樓 2018 室（永樂市場 2 樓）	（02）2559-3960
傑威布行	台北市迪化街一段 21 號 2 樓 2043、2046 室（永樂市場 2 樓）	（02）2550-3220
勝泰布行	台北市迪化街一段 21 號 2 樓 2055 室（永樂市場 2 樓）	（02）2558-4424
介良裡布行	台北市民樂街 11 號	（02）2558-0718
中一布行	台北市民樂街 9 號	（02）2558-2839
台灣喜佳台北生活館	台北市中山北路一段 79 號	（02）2523-3440
台灣喜佳士林生活館	台北市文林路 511 號 1 樓	（02）2834-9808
韋億興業有限公司	台北市延平北路二段 60 巷 19 號	（02）2558-7887
大楓城飾品材料行	台北市延平北路二段 60 巷 11 號	（02）2555-3298
小熊媽媽	台北市延平北路一段 51 號	（02）2550-8899
協和工藝材料行	台北市天水路 51 巷 18 號 1 樓	（02）2555-9680
溪水協釦工藝社	台北市長安西路 278 號	（02）2558-3957
昇輝金屬（銅鍊飾品）	台北市重慶北路二段 46 巷 3-2 號	（02）2556-4959
振南皮飾五金有限公司	台北市重慶北路二段 46 巷 5-2 號	（02）2556-0286
東美開發飾品材料	台北市長安西路 235 號 1 樓	（02）2558-8437
正典布行	新北市三重區碧華街 1 號	（02）2981-2324
東昇布行	北市三重區碧華街 54-1 號	（02）2857-6958
新昇布行	新北市三重區五華街 65 號	（02）2981-7370
印地安皮革創意工廠	新北市三重區中興北街 136 巷 28 號 3 樓	（02）2999-1516
鑫韋布莊中壢店	桃園縣中壢市中正路 211 號	（03）426-2885
台灣喜佳桃園生活館	桃園市中山路 139 號	（03）337-9570
台灣喜佳中壢生活館	桃園縣中壢市新生路 207 號 1 樓	（03）425-9048
新韋布莊新竹店	新竹市中山路 111 號	（03）522-2968
三色堇拼布坊	竹市光復路二段 539 號 5 樓 -2	（03）561-1245
布坊拼布教室	新竹市勝利路 149 號	（03）525-8183

中 部 地 區

鑫韋布莊	台中市綠川東街 70 號	（04）2226-2776
薇琪拼布	台中市興安路二段 453 號	（04）2243-5768
吳響峻布莊	台中市繼光街 77 號	（04）2224-2253
巧藝社	台中市繼光街 143 號	（04）2225-3093
大同布行	台中市成功路 140 號	（04）2225-6534
小熊媽媽	台中市中正路 190 號	（04）2225-9977
中美布莊	台中市中正路 393 號	（04）2224-4325

德昌手藝館	台中市復興路四段 108 號	（04）2225-0011
六碼手藝社	彰化市長壽街 196 號	（04）2726-9161
新日和布行	彰化市中正路二段 108 號	（04）724-4696
彰隆布行	彰化市陳稜路 250 號	（04）723-3688
布工坊	南投市三和一路 24 號	（049）220-1555
和成布莊	南投縣草屯鎮和平街 11 號	（049）233-4598
丰配屋	雲林縣斗六市永安路 112 號	（05）534-3206
南 部 地 區		
鑫韋布莊台南店	台南市北安路一段 314 號	（06）2813117
品鴻服飾材料行	台南市文南路 304 號	（06）263-7317
千美手工藝材料行	台南市榮譽街 47 巷 1 號	（06）223-2350
清秀佳人	台南市西門商場 22 號	（06）2247-0314
福夫人布莊	台南市西門路二段 145-29 號	（06）225-1441
江順成材料行	台南市西門商場 16 號	（06）222-3553
吳響峻棉布專賣店	高雄市青年一路 203、232 號	（07）251-8465
建新服裝材料、建新鈕釦	高雄市林森一路 156 號	（07）281-1827
秀偉手工藝材料行	高雄市十全一路 369 號	（07）322-7657
鑫韋布莊中山店	高雄市新興區中山一路 26 號	（07）216-5833
鑫韋布莊鼎山店	高雄市三民區鼎山街 568 號	（07）383-5901
憶麗手藝材料行	高雄市鳳山區五甲二路 529 巷 39 號	（07）841-8989
英秀手藝行	高雄市五福三路 103 巷 16 號	（07）241-2412
巧虹城雜物坊	高雄市文橫一路 15 號	（07）251-6472
聯全鈕線行	高雄市嫩江街 109 巷 32 號	（07）321-5171
鑫韋布莊屏東店	屏東市漢口街 1 號	（08）732-0167
網 路 商 店		
德昌網路手藝世界	http://www.diy-crafts.com.tw/	
小熊媽媽 DIY 購物網	https://www.bearmama.com.tw/	
喜佳縫紉網購中心	http://www.cheermall.com.tw/front/bin/home.phtml	
車樂美網購中心	http://janome.so-buy.com/front/bin/home.phtml	
巧匠 DIY 手工藝材料網	http://www.ecan.net.tw/demo/ezdiy/privacy.php	
羊毛氈手創館	http://www.feltmaking.com.tw/shop/	
印地安皮革創意工場	http://www.silverleather.com/	
花木棉拼布生活雜貨	http://www.hmmlife.com.tw/	
鑫韋布莊	http://www.sing-way.com.tw/index.php	
玩 9 創意	http://www.0909.com.tw/	
幸福嫖蟲手作雜貨購物網	http://ladybug.shop2000.com.tw/	

後記
做了才知道不簡單，
完成後又發現其實也不難！！

這真是個「自我挑戰」的一年！！雖然我平常就勇於挑戰極限，讓自己更精益求精，但 2013 年這一整年，真可說是馬不停蹄地完成了一些艱鉅的任務。年初，我終於下定決心，要在今年完成碩士論文。接著在一次與編輯的討論中，決定出版一本製作 100 個包包的實用書籍。這兩件事雖然都是平常就在做、且該做的事，但是一旦確定必須落實，非得有個成果出現時，壓力是大的。比如論文必須是脈絡清晰且聚焦於主題的，重點是能拿到碩士學位，並且證明自己在所學領域獲得專業的肯定；而這本包包書就必須有它的特別之處，讓讀者拿到書時，可以感受到作者想要傳達的心意，且對縫紉、手作有興趣的學習者能有幫助。終於，經過了幾個月的努力，這本收錄了大大、小小百件包包的教學書完成了。

生活中，很多事物都跟我們密不可分，包包、手提袋就是其中一項。出門上班、上學、逛街、旅遊，都需要靠它裝載我們慣用的物品、重要的隨身物件。裁縫的入門，包包也佔著重要的角色，因為完成一個包包需要具備很多不同的縫紉基本技巧，初學者在製作過程中，可以學習且熟練這些最基本的動作，比如固定拉鍊、布邊的縫合、立體褶子的摺疊、布襯以及夾棉的熨貼等。而在這本包包書中，為了符合初學者的程度，在剪裁、縫製包包的設計中加入基本工序，也為進階族群，設計了較實用的版型。初學者可以從本書作品學習實用的縫紉技巧，順利完成自己的第一個手作包包；也希望書中包包的版型設計，給對裁縫有一定程度、對拼布也得心應手的高手，有更便利的幫助，藉著版型結合自己的縫紉技巧，做出更多的作品。

在一年將盡的此時，終於完成了這個一開始就覺得有點難度的工作。因為希望為學習裁縫的新手增加信心，也希望給本來就有裁縫基礎的高手參考的價值，所以努力設計了內容。過程中從包包的款式構

思到版型設計、製作、測試、調整，然後產出眼前這本 100 件包包集合的教學書，中間的感覺像登山，從山腳下看山頂覺得好遠大概到不了，然而到了山腰覺得好累，又有點想要停止，最後等爬上山頂回頭看著一路走來的路途，才發現過程雖然辛苦，但其實也沒那麼困難。生活中很多事物也是如此，做了才知道不簡單。只要忍耐一下，就能完成。在此鼓勵裁縫的初學者，學習過程就是如此，遇到很難的技法要多多練習，熟練以後，你會發現原來不難，而原本就有基礎的裁縫高手只要適時挑戰自己，過程中定讓自己的技巧更進一步。

楊惠敏
2013. 12. 30.

朱雀文化和你快樂品味生活

Hands 系列

Hands003	一天就學會鉤針──飾品＆圍巾＆帽子＆手袋＆小物／王郁婷著 定價 250 元
Hands005	我的第一本裁縫書──1 天就能完成的生活服飾‧雜貨／真野章子著 覃嘉惠譯 定價 280 元
Hands007	這麼可愛，不可以！──用創意賺錢，5001 隻海蒂小兔的發達之路／海蒂著 定價 280 元
Hands008	改造我的牛仔褲──舊衣變新變閃亮變小物／施玉芃著 定價 280 元
Hands013	基礎裁縫 BOOK──從工具、縫紉技法，到完成日常小物＆衣飾／楊孟欣著 定價 280 元
Hands014	實用裁縫的 32 堂課──最短時間、最省布料製作服飾和雜貨／楊孟欣著 定價 280 元
Hands015	學會鉤毛線的第一本書──600 張超詳盡圖解必學會／靚麗出版社編 定價 250 元
Hands016	第一次學做羊毛氈──10 分鐘做好小飾品，3 小時完成包包和小玩偶／羊毛氈手創館著 定價 280 元
Hands018	羊毛氈時尚飾品 DIY──項鍊、耳環、手鍊、戒指和胸針／小山明子著 覃嘉惠譯 定價 280 元
Hands019	一塊布做雜貨──圓點格紋、碎花印花＆防水布做飾品和生活用品／朱雀文化編輯部企畫 定價 280 元
Hands020	我的手作布書衣──任何尺寸的書籍、筆記本都適用的超實用書套／up-on factory 著 覃嘉惠譯 定價 280 元
Hands021	我的第一本手作雜貨書──初學者絕不失敗的 22 類創意手工實例教學／CR & LF 研究所、永島可奈子編著 陳文敏譯 定價 280 元
Hands023	看見夢想的 1000 個手作飾品和雜貨──可愛、浪漫、時尚、懷舊、寫實風的原味好設計／Kurikuri 編輯部編 陳文敏譯 定價 320 元
Hands026	帶 1 枝筆去旅行──從挑選工具、插畫練習到親手做一本自己的筆記書／王儒潔著 定價 250 元
Hands027	跟著 1000 個飾品和雜貨來越夢想旅行──集合復古、華麗、高雅和夢幻跨越時空的好設計 Kurikuri 編輯部編／陳文敏譯 定價 320 元
Hands028	第一隻手縫泰迪熊──設計師量身定做 12 隻版型，創作專屬 Teddy Bear！／迪兒貝兒 Dear Bear 著 定價 320 元
Hands029	裁縫新手的 100 堂課──520 張照片、100 張圖表和圖解，加贈原尺寸作品光碟，最詳細易學會！／楊孟欣著 定價 360 元
Hands030	暖暖少女風插畫 BOOK──從選擇筆類、紙張，到實際畫好各種人物、美食、生活雜貨、動物小圖案和上色／美好生活實踐小組編著 潘純靈繪圖 定價 280 元
Hands031	小關鈴子的自然風拼布──點點、條紋、花樣圖案的居家與戶外生活雜貨／小關鈴子著 彭文怡譯 定價 320 元
Hands032	蝴蝶結──80 款獨家設計時尚飾品和生活雜貨／金幼琳著 李靜宜譯 定價 360 元
Hands033	幫狗狗做衣服和玩具／李知秀 Tingk 著 定價 380 元
Hands034	玩玩羊毛氈──文具、生活雜貨、旅行小物和可愛飾品／林小青著 定價 320 元
Hands035	從零開始學木工──基礎到專業，最詳細的工具介紹＋環保家具 DIY／禹尚延著 定價 360 元
Hands036	皮革新手的第一本書──圖解式教學＋Q & A 呈現＋25 件作品＋影像示範，一學即上手！／楊孟欣著 定價 360 元
Hands037	北歐風！洛塔的布雜貨──風靡歐、美、日，超人氣圖樣設計師的經典作品／洛塔‧詹斯多特著 定價 360 元
Hands038	插畫風可愛刺繡小本本──旅行點滴 VS. 生活小物～到哪兒都能繡／娃娃刺繡 潘插畫 定價 250 元
Hands039	超簡單毛線書衣──半天就 OK 的童話風鉤針編織／布丁著 定價 250 元
Hands040	手作族最想學會的 100 個包包 Step by Step──1100 個步驟圖解＋動作圖片＋版型光碟，新手、高手都值得收藏的保存版／楊孟欣著 定價 450 元

LifeStyle 系列

LifeStyle002	買一件好脫的衣服／李衣著 定價 220 元
LifeStyle004	記憶中的味道／楊明著 定價 200 元
LifeStyle005	我用一杯咖啡的時間想你／何承穎 定價 220 元
LifeStyle006	To be a 模特兒／藤野花著 定價 220 元
LifeStyle008	10 萬元當頭家──22 位老闆傳授你小吃的專業知識與技能／李靜宜著 定價 220 元
LifeStyle009	百分百韓劇通──愛戀韓星韓劇全記錄／單葶著 定價 249 元
LifeStyle010	日本留學 DIY──輕鬆實現留日夢想／廖詩文著 定價 249 元
LifeStyle013	去他的北京／費工信著 定價 250 元
LifeStyle014	愛慾‧秘境‧新女人／麥慕貞著 定價 220 元
LifeStyle015	安琪拉的烘培廚房／安琪拉著 定價 250 元
LifeStyle016	我的夢幻逸品／鄭德音等合著 定價 250 元
LifeStyle017	男人的堅持／PANDA 著 定價 250 元
LifeStyle018	尋找港劇達人──經典＆熱門港星港劇全紀錄／羅生門著 定價 250 元
LifeStyle020	跟著港劇遊香港──經典＆熱門場景全紀錄／羅生門著 定價 250 元
LifeStyle021	低碳生活的 24 堂課──小至馬桶大至棒球場的減碳提案／張楊乾著 定價 250 元
LifeStyle023	943 窮學生懶人食譜──輕鬆料理＋節省心法＝簡單省錢過生活／943 著 定價 250 元
LifeStyle024	LIFE 家庭味──一般日子也值得慶祝！的料理／飯島奈美著 徐曉珮譯 定價 320 元
LifeStyle025	超脫煩惱的練習／小池龍之介著 定價 320 元

LifeStyle026	京都文具小旅行──在百年老店、紙舖、古董市集、商店街中,尋寶/中村雪著 定價 320 元
LifeStyle027	走出悲傷的 33 堂課──日本人氣和尚教你尋找真幸福/小池龍之介著 定價 240 元
LifeStyle028	圖解東京女孩的時尚穿搭/太田雲丹著 定價 260 元
LifeStyle029	巴黎人的巴黎──特搜小組揭露,藏在巷弄裡的特色店、創意餐廳和隱藏版好去處/芳妮‧佩修塔等合著 定價 320 元
LifeStyle030	首爾人氣早午餐 brunch 之旅──60 家特色咖啡館、130 道味蕾探險/STYLE BOOKS 編輯部編著 定價 320 元

MAGIC 系列

MAGIC002	漂亮美眉髮型魔法書──最 IN 美少女必備的 Beauty Book /高美燕著 定價 250 元
MAGIC004	6 分鐘泡澡一瘦身──70 個配方,讓你更瘦、更健康更美麗/楊錦華著 定價 280 元
MAGIC006	我就是要你瘦──26 公斤的真實減重故事/孫崇發著 定價 199 元
MAGIC007	精油魔法初體驗──我的第一瓶精油/李淳廉編著 定價 230 元
MAGIC008	花小錢做個自然美人──天然面膜、護髮護膚、泡湯自己來/孫玉銘著 定價 199 元
MAGIC009	精油瘦身美顏魔法/李淳廉著 定價 230 元
MAGIC010	精油全家健康魔法──我的芳香家庭護照/李淳廉著 定價 230 元
MAGIC013	費莉莉的串珠魔法書──半寶石‧璀璨‧新奢華/費莉莉著 定價 380 元
MAGIC014	一個人輕鬆完成的 33 件禮物──點心‧雜貨‧包裝 DIY /金一鳴、黃愷縈著 定價 280 元
MAGIC016	開店裝修省錢&賺錢 123 招──成功打造金店面,老闆必修學分/唐芩著 定價 350 元
MAGIC017	新手養狗實用小百科──勝犬調教成功法則/蕭敦耀著 定價 199 元
MAGIC018	現在開始學瑜珈──青春,停駐在開始練瑜珈的那一天/湯永緒著 定價 280 元
MAGIC019	輕鬆打造!中古屋變新屋──絕對成功的買屋、裝修、設計要點&實例/唐芩著 定價 280 元
MAGIC021	青花魚教練教你打造王字腹肌──型男必備專業健身書/崔誠兆著 彭尊聖譯 定價 380 元
MAGIC022	我的 30 天減重日記本 30 Days Diet Diary /美好生活實踐小組編著 定價 120 元
MAGIC023	我的 60 天減重日記本 60 Days Diet Diary /美好生活實踐小組編著 定價 130 元
MAGIC024	10 分鐘睡衣瘦身操──名模教你打造輕盈 S 曲線/艾咪著 定價 320 元
MAGIC025	5 分鐘起床拉筋伸展操──最新 NEAT 瘦身概念+增強代謝+廢物排出/艾咪著 定價 330 元
MAGIC026	家。設計──空間魔法師不藏私裝潢密技大公開/趙喜善著 李靜宜譯 定價 420 元
MAGIC027	愛書成家──書的收藏 × 家飾/達米安‧湯普森著 定價 320 元
MAGIC028	實用繩結小百科──700 個步驟圖,日常生活、戶外休閒、急救繩技現學現用/羽根田治著 定價 220 元
MAGIC029	我的 90 天減重日記本 90 Days Diet Diary /美好生活十實踐小組編著 定價 150 元
MAGIC030	怦然心動的家中一角──工作桌、創作空間與書房的好感布置/凱洛琳‧克利夫頓摩格著 定價 360 元
MAGIC031	超完美!日本人氣美甲圖鑑──最新光療指甲圖案 634 款/辰巳出版株式**会**社編集部美甲小組 定價 360 元

EasyTour 系列

EasyTour008	東京恰拉──就是這些小玩意陪我長大/葉立莘著 定價 299 元
EasyTour016	無料北海道──不花錢泡溫泉、吃好料、賞美景/王水著 定價 299 元
EasyTour017	東京!流行──六本木、汐留等最新 20 城完整版/希沙良著 定價 299 元
EasyTour019	狠愛土耳其──地中海最後秘境/林婷婷、馮輝浩著 定價 350 元
EasyTour023	達人帶你遊香港──亞紀的私房手繪遊記/中港亞紀著 定價 250 元
EasyTour024	金磚印度 India ──12 大都會商務 & 休閒遊/麥慕貞著 定價 380 元
EasyTour027	香港 HONGKONG ──好吃、好買,最好玩/王郁婷‧吳永娟著 定價 299 元
EasyTour028	首爾 Seoul ──好吃、好買,最好玩/陳雨汝 定價 320 元
EasyTour029	環遊世界聖經/崔大潤、沈泰烈著 定價 680 元
EasyTour030	韓國打工度假──從申辦、住宿到當地找工作、遊玩的第一手資訊/曾莉婷、卓曉君著 定價 320 元
EasyTour031	新加坡 Singapore 好逛、好吃,最好買──風格咖啡廳、餐廳、特色小店尋味漫遊/諾依著 定價 299 元

VOLUME 系列

VOLUME01	暢飲 100 ──冰砂、冰咖啡、冰茶&果汁/蔣馥安著 定價 169 元
VOLUME02	團購美食 go!──網路超 Hot80 項,全台追追追/魔鬼甄著 定價 169 元
VOLUME04	魔鬼甄@團購美食 Go(part 2)──超過 100 款超 IN 商品,年頭買到年尾/魔鬼甄著 定價 169 元
VOLUME05	團購美食 go!──口碑精華版(part 3)/魔鬼甄著 定價 179 元

MY BABY 系列

MY BABY002	懷孕‧生產‧育兒大百科超值食譜版──準媽媽必備,最安心的全紀錄/高在煥等編著 定價 680 元
MY BABY003	第一次餵母乳/黃資裡、陶禮君著 定價 320 元
MY BABY004	改變孩子人生的 10 分鐘對話法──喚醒孩子的無限可能/朴美真著 定價 280 元
MY BABY005	一年的育兒日記──出生~ 1 歲寶寶記錄 My Baby's 365 Diary /美好生活實踐小組著 定價 399 元
MY BABY006	第一次幫寶貝剪頭髮/砂原由彌著 定價 280 元

hands 手作生活040

國家圖書館出版品預行編目

手作族最想學會的 100 個包包 Step by Step ─ ─ 1100 個步驟圖解＋動作圖片＋版型光碟，新手、高手都值得收藏的保存版

楊孟欣著 ─初版─
台北市：朱雀文化，2014【民 103】
128 面；公分，─（Hands；040）
ISBN 978-986-6029-53-0（平裝）
1. 縫紉
426.3

手作族最想學會的 100 個包包 Step by Step

1100 個步驟圖解＋動作圖片＋版型光碟，新手、高手都值得收藏的保存版

作者	楊孟欣
攝影	楊孟欣
美術	Sophia Rose、黃祺芸
編輯	彭文怡
行銷	林孟琦
企畫統籌	李橘
總編輯	莫少閒
出版者	朱雀文化事業有限公司
地址	台北市基隆路二段 13-1 號 3 樓
電話	02-2345-3868
傳真	02-2345-3828
劃撥帳號	19234566 朱雀文化事業有限公司
e-mail	redbook@ms26.hinet.net
網址	http://redbook.com.tw
總經銷	大和書報圖書股份有限公司 （02）8990-2588
ISBN	978-986-6029-53-0
初版一刷	2014.02
初版十一刷	2018.05
定價	450 元

初版登記 北市業字第 1403 號

About 買書

●朱雀文化圖書在北中南各書店及誠品、金石堂、何嘉仁等連鎖書店均有販售，如欲購買本公司圖書，建議你直接詢問書店店員。如果書店已售完，請撥本公司電話洽詢。

●●至朱雀文化網站購書（http://redbook.com.tw），可享 85 折起優惠。

●●●至郵局劃撥（戶名：朱雀文化事業有限公司，帳號 19234566），掛號寄書不加郵資，4 本以下無折扣，5 ～ 9 本 95 折，10 本以上 9 折優惠。